职业教育 烹饪专业 教材

U0670494

菜肴创新与制作

主　编　唐　博　陈　应　韦昔奇
副主编　葛惠伟　郑存平　于兴建　陈　刚
参　编　李　波　张伟强　张　宇

重庆大学出版社

内容提要

本书以流行的具有代表性的创新菜肴为载体，结合职业教育的规律和学生的实际情况，采用"以工作任务为中心，以典型创新菜肴产品为载体"的项目任务编写方式，注重菜肴创新理论和菜肴创新实训相结合，分川菜的形成与发展、原料变化创新及实例、味型变化创新及实例、烹调方法创新及实例、视觉冲击创新及实例5个项目26个任务进行阐述。本书可作为职业教育烹饪专业教师教学和学生学习的参考用书，也可作为餐饮行业职工的培训教材。

图书在版编目（CIP）数据

菜肴创新与制作 / 唐博，陈应，韦昔奇主编. -- 重庆：重庆大学出版社，2021.1
职业教育烹饪专业教材
ISBN 978-7-5689-2456-6

Ⅰ.①菜… Ⅱ.①唐…②陈…③韦… Ⅲ.①中式菜肴—烹饪—中等专业学校—教材 Ⅳ.①TS972.117

中国版本图书馆CIP数据核字（2020）第188968号

职业教育烹饪专业教材
菜肴创新与制作
主　编　唐　博　陈　应　韦昔奇
副主编　葛惠伟　郑存平　于兴建　陈　刚
参　编　李　波　张伟强　张　宇
策划编辑：沈　静
责任编辑：张红梅　　　版式设计：沈　静
责任校对：刘志刚　　　责任印制：张　策
*
重庆大学出版社出版发行
出版人：饶帮华
社址：重庆市沙坪坝区大学城西路21号
邮编：401331
电话：（023）88617190　88617185（中小学）
传真：（023）88617186　88617166
网址：http://www.cqup.com.cn
邮箱：fxk@cqup.com.cn（营销中心）
全国新华书店经销
重庆俊蒲印务有限公司印刷
*
开本：787mm×1092mm　1/16　印张：10.25　字数：285千
2021年1月第1版　　2021年1月第1次印刷
印数：1—3 000
ISBN 978-7-5689-2456-6　定价：49.00元

Preface 前　言

　　菜肴创新是指菜肴创造或菜肴革新，是烹饪工作者新构想、新观念的产生和运用。随着我国经济的飞速发展，人们生活水平的不断提高，人们就餐形式的改变，原料种类的增多，烹饪技法、调味方法的发展，机械设备的运用，我国创新菜品的范畴变得日益广泛。菜肴创新适应了社会发展的需要，丰富了菜肴的基本内容，满足了人们心理上和生理上的消费需求，激励着烹饪工作者不断提高自身的综合素质和专业技能。

　　本书以项目任务为中心，以目前流行的具有代表性的创新菜肴为载体，注重菜肴创新理论和菜肴创新实训相结合，分川菜的形成与发展、原料变化创新及实例、味型变化创新及实例、烹调方法创新及实例、视觉冲击创新及实例5个项目26个任务进行阐述，具体任务的选取注重培养学生灵活运用知识的能力，开拓学生思维，注重学生职业素养的养成。本书图文并茂，通俗易懂，形式活泼，充分考虑了职业院校烹饪专业的教学特点与规律，学生通过操作步骤的图片及文字说明，可以直观、迅速地掌握菜肴创新与制作的重点。

　　本书由四川省商务学校烹饪实训中心主任、注册中国烹饪大师唐博，四川省商务学校烹饪专业教师、川菜烹饪名师陈应和成都农业科技职业学院休闲旅游学院烹饪教研室主任、注册中国烹饪大师韦昔奇担任主编，由葛惠伟、郑存平、于兴建、陈刚担任副主编，李波、张伟强、张宇参与了编写工作。其中，唐博、于兴建负责项目1、项目2的编写，陈应、郑存平、陈刚负责项目4、项目5的编写，韦昔奇、葛惠伟负责项目3的编写，李波、张伟强、张宇参与部分任务的编写。本书在编写过程中，参考了一些学者的著作文献，在此一并表示感谢。

　　由于编者水平有限，书中难免有疏漏和错误之处，敬请使用本书的读者批评指正，以便进一步修订完善。

编　者

2020年11月

Contents 目 录

项目 1

川菜的形成与发展

任务1　川菜的形成原因与历史发展

[前置任务]

①查阅相关资料，了解川菜流派、代表区域、口味特点、特色原料及调味料等。

项目（川菜流派）	代表区域	口味特点	特色原料及调味料
上河帮			
下河帮			
小河帮			

②查阅相关资料，了解川菜的形成与发展。

[任务介绍]

川菜的形成得益于四川独特的地理条件，人文条件，人口流动，以及立足传统、博采众长、兼容并蓄的川菜文化。川菜随着不同地域之间的整合发展，慢慢成熟、定型，而独特的地理条件带来的特色原料及风俗习惯在这一过程中起到了重要的作用。

　　1）教学目标
①通过理论知识的学习，加深学生对川菜的认识。
②掌握川菜常用特色原料及调味料。
③掌握川菜的形成和发展。
　　2）教学重点
①了解四川独特的地理条件和风俗习惯。
②展示并介绍四川地方特色原料及调味料。
③掌握川菜的形成和发展。
　　3）教学难点
掌握川菜的形成和发展。

[任务实施]

　　1）任务实施地点
理论教室。
　　2）理论教学实施时间分配
①检查前置任务：10分钟。
②播放川菜介绍视频：15分钟。
③学生讲解当地风俗：15分钟。
④老师讲解川菜的形成与发展：30分钟。
⑤学生提问、老师答疑解惑：10分钟。

[任务资料单]

1）川菜的形成原因

川菜形成浓郁的地方风味体系，主要有以下因素：

（1）地理物产优势

四川号称天府之国，全省分为四川盆地和川西高原山地两大部分，位于长江上游，气候温和，江河纵横，群山环抱，西面是青藏高原，东面是巫山，南面有云贵高原，北面有秦岭巴山。

四川自然条件优越，物产多样，为烹饪川菜提供了丰富的原料。牛、羊、猪、狗、鸡、鸭、鹅、兔，可谓六畜兴旺，韭、芹、茄、藕、菠，堪称四季常青。淡水鱼品种繁多，有产于岷江乐山江段和长江重庆江段的长吻鮠，产于长江上游支干流、金沙江下游的圆口铜鱼，产于长江上游的岷江、大渡河等水系的齐口裂腹鱼，产于岷江的石爬鱼，以及鲶鱼、鲫鱼等。蔬菜中的落葵（木耳菜、豆腐菜）、豌豆尖、青菜头（菜头、疙瘩菜）等为川菜中的特色原料。干制品有通江的银耳（白木耳）、汉源的红花椒、凉山的竹荪、达州的香菇等。四川也是冬虫夏草、川贝、杜仲、天麻等中草药的主要出产地。

川菜讲究滋味，因此需要高质量的调味料，如自贡井盐、阆中保宁醋、郫县豆瓣、永川豆豉等，丰富了川菜的调味料。

丰富的物质基础，是川菜形成浓郁地方风味体系的首要因素。

（2）饮食习俗

四川历代居民对饮食的追求，不仅是生存的生理需要，还有享受的心理需要，人们把享受食之乐、饮之乐、味之乐、筵席之乐看作人生乐趣的重要方面，形成了《华阳国志•蜀志》中描述的"尚滋味""好辛香"的饮食习俗。

在古代，王公贵族"娶嫁设太牢之厨膳""良辰列金缶以御嘉宾，繁肴绮错"。史料记载，四川上层社会宴饮不仅名目繁多，而且颇具"川味"。野宴或设于茂林修竹之处，或设于散发着果香的园林；五代时，后蜀宫廷在江河中举办"船宴"，宋代盛行在高山流水奇色美景之地举行"游宴"，都别具风采。

普通平民虽无豪华的宴饮，但在"尚滋味"的美食追求上亦不示弱。清代开始，四川民间娶亲流行"上马宴"和"下马宴"，婚丧寿庆在田头、院坝举行"田席"，等等。这些都是深入人心的民间宴饮活动。

（3）对烹饪的不断研究

专业烹饪工作者和热心饮食之事的文化人对川菜的研究，使四川烹饪文化得以大力发展。四川的历史，记载着扬雄、李白、苏轼、郭沫若等人的辛勤笔耕。热心饮食之事的文化人，不仅研究、记载川菜，他们中也有亲自执勺操瓢者。才女卓文君与司马相如在临邛（今四川邛崃）开酒馆，"文君当垆"的典故便流传了下来。苏轼的烹调经验和技艺水平，连专业厨师都佩服，"东坡肉"自宋代以来便是川菜中著名的菜肴之一。

四川的专业厨师，就是在这样的文化环境中成长起来的。他们对当今川菜的发展做出了重要的贡献，使川菜成了巴蜀文化的精髓。

川菜在发展的过程中，形成了3个流派：以成都为中心的"上河帮"；以重庆为中心的"下河帮"；以自贡为中心的"小河帮"。地区不同，川菜的风味特色就略有差异，成都地区口味较温和，重庆地区口味较浓烈，而自贡地区的口味则介于两者之间。川菜具有取材广泛、调味多样、菜式适应性强等优点，完整的风味体系由筵席菜、大众便餐菜、家常菜、火锅、风味小吃五大类组成。

2）川菜的发展历史

（1）秦、西汉时期，四川饮食尚未出现地区性特色

从秦灭蜀到西汉末年的300余年间，由于第一次移民，四川经济得到发展，其繁荣促进了物产的丰富与饮食业的兴旺，川菜在西汉晚期时已经初具规模，而且中原烹饪文化的精神——五味调和已经成为饮食的基调。四川烹饪原料不再单纯就地选取，还通过水陆运输从长江下游和秦岭以西获得。这一时期的四川饮食文化基本上被秦汉先进文化同化，尚未形成自己的地区特色。

（2）东汉末期及三国时期，古巴蜀烹调与中原、江南烹饪的分野

东汉建立以后，四川的经济文化继续发展，其烹饪文化开始表现出自己的特色。随着四川地区农业加工技术的进步，其烹饪水平在东汉末、三国时期有了相当的提高，后来在东晋时期确定了"尚滋味""好辛香"的饮食习惯。

（3）隋、唐、五代时期，四川饮食文化的繁荣

西晋末，巴蜀地区的战乱导致大批四川地区的人们东迁，使得四川地区的经济文化遭到一定程度的破坏。到了隋唐时期，生产得到恢复，经济得到空前发展。自安史之乱起，第二次移民开始，四川一直是世族、著名文人避难的地方，这就为文化交流，包括饮食文化水平的提高创造了条件。第三次移民后，前后两蜀的经济文化达到了又一个高潮。这是因为迁徙到四川的高文化素质的世族人士在数量上超过了前两次，使四川餐饮文化得到进一步发展。

（4）两宋时期，古典川菜成为全国的独立菜系

两宋时期，四川饮食的重大成就，就在于其烹饪方法开始被输送到四川界外，让界外的普通人能在专门的食店里吃到具有四川地方特色的饮食，这是川菜成为一个独立的烹调体系的开始。川菜出川主要经营大众化的饮食，尤其是面食。北宋以后，川菜才单独成为一个在全国有影响力的菜系。

（5）元朝到清朝中期，四川饮食文化的衰落和萧条

由于南宋末蒙古军队对四川的入侵，四川的经济、文化遭到严重摧残，四川饮食文化在全国的地位也一落千丈。这就使得清同治以前，四川饮食文化不可能出现大的恢复和新的飞跃。

（6）现代川菜的诞生

清乾隆时期，宦游浙江的四川罗江人李化楠总在闲暇时收集家厨、主妇的烹饪经验。后来，他的儿子李调元将他收集的烹饪经验整理出来，刻版为食经书《醒园录》。《醒园录》是清代一部重要的食书，它详细记载了烹调的原料选择和烹饪操作程序，系统地收集了38种烹调方法，有炒、滑、爆、煸、熘、炝、炸、煮、烫、糁、煎、贴、酿、卷、蒸、烧、焖、炖、摊、煨、烩、焯、烤、烘、粘、氽、糟、醉、冲等，以及冷菜类的拌、卤、熏、腌、腊、冻、酱等。这些名目繁多的烹调方法，对后来现代川菜的崛起有极大的促进作用。

总之，现代川菜的诞生，和四川文化在晚清时期的发展是分不开的。川菜主要是移民烹饪文化的混合，并在上层示范文化的鼓励下、烹饪学家的影响下发展起来的。

现代川菜的上层受鲁菜和江浙菜的影响，可以粗略地归结为川菜中不含辣、麻味不突出的精致菜，它们大约占了现代川菜的2/3。但是，现代川菜的定型，更多来自数省移民饮食的影响，今天的川菜具有鲜明的个性。

[理论考核标准]

序号	考核细分项目	标准分数/分	得分/分
1	川菜的流派	30	
2	川菜的特色原料及调味料	30	
3	川菜的形成与发展	30	
4	完成时间	10	
5	总分/分		

[任务考核标准]

项目	前置任务	理论	通用能力	小组互评	教师总评
分值/分	10	70	5	5	10
得分/分					
总分/分					

说 明

【前置任务】课前布置的任务，根据完成情况打分。

【理　　论】本任务涉及的理论知识，根据学习情况打分。

【通用能力】包括出勤（按时到岗，学习准备就绪），衣着，行为规范（自觉遵守纪律，有责任心和荣誉感），学习态度（积极主动，不怕困难，勇于探索），团队分工合作（能融入集体，愿意接受任务并积极完成）。实行扣分制，根据情况扣1~3分。

【小组互评】值周小组对各小组完成任务的整体情况进行评价，按照优秀5分、良好4分、合格3分、不合格2分的标准进行打分，计入每个组员的成绩中。

【教师总评】教师对各小组完成任务的整体情况进行评价，按照优秀10分、良好8分、合格6分、不合格4分的标准进行打分，计入每个组员的成绩中。

任务2 菜肴创新

[前置任务]

①查阅相关资料，结合已有的烹饪知识和生活实践，寻找3款创新菜品。

项目	菜品名称	烹调方法	原料	味型
创新菜品1				
创新菜品2				
创新菜品3				

②查阅相关资料，了解创新菜的概念、意义及要求。

[任务介绍]

"菜肴创新"主要为学生讲述菜肴创新的概念、菜肴创新的意义和要求。学生通过本任务的学习，基本认识菜肴创新，明确学习菜肴创新的重要性，为日后菜肴创新的学习做铺垫。

1）教学目标

①通过本次理论知识的学习，激发学生学习菜肴创新课程的兴趣。

②掌握菜肴创新的概念、意义及要求。

2）教学重点

掌握菜肴创新的概念、意义及要求。

3）教学难点

通过理论知识的学习，激发学生学习菜肴创新课程的兴趣。

[任务实施]

1）任务实施地点

理论教室。

2）理论教学实施时间分配

①检查前置任务：10分钟。

②播放创新菜品展示视频：15分钟。

③学生讲述生活中遇到的创新菜品：15分钟。

④老师讲解菜肴创新的概念、意义和要求：30分钟。

⑤学生提问、老师答疑解惑：10分钟。

[任务资料单]

1）菜肴创新的概念及意义

（1）概念

菜肴创新是指菜肴创造或菜肴革新，是烹饪工作者的新构想、新观念的产生和运用，是利用形象思维进行全面观察、研究、分析，并对收集的材料加以选择、提炼、设计、构思，再利用一定的原料和烹饪技法、调味方法加工创作出新菜品。

简而言之，菜肴创新就是烹饪工作者利用各种烹饪原料，通过各种烹调技法及调味方法创作出新菜品。

（2）意义

菜肴创新具有如下意义：

①菜肴创新是社会发展的需要，是旅游业、餐饮业市场竞争中不可缺少的手段。

②菜肴创新丰富了菜肴的基本内容，满足了人们心理上和生理上的消费需求。

③菜肴创新能激励烹饪工作者不断地提高自身的综合素质和专业技能，增强自己的创新意识和实践创新能力。

④菜肴创新能够使烹饪工作者更好地继承和发展烹饪技艺和烹饪文化。

2）菜肴创新的要求

（1）注意创新菜肴的食用性

在如今的饮食潮流中，菜肴的色、香、味、形、器、营养、卫生是至关重要的，将菜肴的食用性与观赏性结合，使之完美、和谐，让食客产生物质与精神的享受，是烹饪工作者及广大食客的共同追求。然而，许多创新菜肴往往只是片面地强调菜肴的观赏性，片面地追求菜肴的美观，失去了食用价值。菜肴创新需要将食用性、营养性、安全性及观赏性相结合，只有将食用性放在观赏性之前，才符合菜肴创新的要求，才能达到菜肴创新的目的。

（2）创新菜肴应符合饮食潮流

随着人们生活水平的不断提高和物质条件的不断改善，人类的饮食文明也有了不断的发展。人们在吃的方面，已不满足于吃饱、吃好，还要求吃得健康、营养。结合当今人们的饮食习惯，好的创新菜肴应满足以下要求：

①菜肴需精致、适量。过去的饮食观念是多吃为好，增加营养摄入。现在，食客更注重健康和营养均衡，适量为好。这就要求菜肴精致，营养丰富，同时不浪费。

②注意菜肴中"红肉""白肉"的使用量。现在人们把猪肉、牛肉、羊肉称为"红肉"，把鱼肉、虾肉、贝类、鸡肉、植物肉等称为"白肉"。过去人们以吃红肉为主，白肉为辅。但由于红肉热量高，含胆固醇多，不利于健康，因此在创新菜肴中，应加强开发"白肉"菜品，以迎合食客的需要，使创新菜肴更具有生命力。

③注意"粗"菜"细"做的方式方法。现代人的饮食趋向精细化，这带来了许多不良后果，因此人们越来越喜欢食用粗粮。但是，真正地"复古"，人们又难以接受，所以在开发创新菜肴时，要注意将"粗"菜"细"做，以满足食客的生理及心理的需要，使菜肴具有更大的市场潜力。

④注意天然食品的开发。环境污染日益严重，人们对食物的选择更加挑剔，更倾向于天然食品，如无污染的野果、野菜、野菌。只有加强这一类菜品的开发，才能使创新菜肴更符合饮食潮流。

⑤注意饮食的保健功能。现代人的"富贵病"（糖尿病、高血压、痛风等）较多，因此每

一位食客都希望所食食品既能满足自己的饮食需要，又能起到保健的作用。创新药膳，需要烹饪工作者有一定的药理知识及熟练的操作技能，只有这样，才能更好地创新菜肴，为广大食客服务。

3）创新菜肴应具有商业推广性

如今是商品经济社会，产品想要被社会承认和接受，就要有一定的商业推广性，只有这样，该产品才可能生存下来，否则，必然会被淘汰。而创新菜肴作为一种特殊的商品，也应如此。因此，为了使创新菜肴能被推广，需要做好以下工作：

（1）注意原料的普遍性

制作创新菜肴所需原料应供应充足、易购，这样才能满足创新菜肴原材料的长期供应，同时满足食客的要求。在创新的过程中，不应一味追求以稀有的奇珍异果为创新菜肴的原料，避免菜肴有名无实，长期断档，给食客一种被欺骗愚弄的感觉，以致影响客源，进而使菜肴被淘汰。

（2）注意制作工艺的复杂程度

在菜肴创新时，应充分考虑菜肴制作工艺的复杂程度。因为制作工艺的繁简精拙，决定了菜肴的成菜周期（即成菜时间），如果所需时间过长，势必会浪费有限的人力及厨房设备，从而减少销售量，不利于经营效果的提高和企业的发展。所以，创新菜肴的制作工艺应在保证品质的前提下尽可能地简单化、适应化，减少所需设备，减少所需环节和时间，便于批量化制作。

（3）注意创新菜肴的命名

在我国，菜肴的命名十分讲究，菜肴名称要典雅、简洁，富有文化品位，体现出一定的意境和情趣。创新菜肴的名字决定了食客的第一感觉，影响了食客的喜好程度。因此，在给创新菜肴命名时，应做到华而有实，既让人觉得有新意，又符合菜肴本身的特点。

[理论考核标准]

序号	考核细分项目	标准分数/分	得分/分
1	菜肴创新的概念	30	
2	菜肴创新的意义	30	
3	菜肴创新的要求	30	
4	完成时间	10	
5	总分/分		

[任务考核标准]

项目	前置任务	理论	通用能力	小组互评	教师总评
分值/分	10	70	5	5	10
得分/分					
总分/分					

说

明

【前置任务】课前布置的任务，根据完成情况打分。

【理　　论】本任务涉及的理论知识，根据学习情况打分。

【通用能力】包括出勤（按时到岗，学习准备就绪），衣着，行为规范（自觉遵守纪律，有责任心和荣誉感），学习态度（积极主动，不怕困难，勇于探索），团队分工合作（能融入集体，愿意接受任务并积极完成），实行扣分制，根据情况扣1～3分。

【小组互评】值周小组对各小组完成任务的整体情况进行评价，按照优秀5分、良好4分、合格3分、不合格2分的标准进行打分，计入每个组员的成绩中。

【教师总评】教师对各小组完成任务的整体情况进行评价，按照优秀10分、良好8分、合格6分、不合格4分的标准进行打分，计入每个组员的成绩中。

项目 2

原料变化创新及实例

任务1 原料变化的方式

[前置任务]

①查阅相关资料，结合已有的烹饪知识和生活实践，按照菜品原型的烹调方法和味型要求，变换原料，制作3款创新菜品。

菜品原型	烹调方法	味型	变化原料	创新菜品名称
宫保鸡丁	滑炒	煳辣荔枝味		
陈皮兔丁	炸收	陈皮味		
麻辣鸡块	拌	麻辣味		

②查阅相关资料，了解创新菜品中原料变化的方式。

[任务介绍]

"原料变化的方式"主要为学生讲述菜肴创新中主料的变化、辅料的变化以及新原料的应用。学生通过对原料变化方式的学习，对原料变化创新菜肴有一个基本的认识，明确菜肴创新的重要性，为之后菜肴创新的学习做铺垫。

1）教学目标

①通过本任务的学习，掌握原料变化方式中主料的变化、辅料的变化以及新原料的应用，达到创新菜肴的目的。

②掌握菜肴创新中菜肴主料变化的方式及应用。

③掌握菜肴创新中菜肴辅料变化的方式及应用。

④掌握菜肴创新中菜肴新原料的开发及应用。

2）教学重点

识记菜肴创新中原料变化的方式。

3）教学难点

结合理论知识，在实际操作中掌握变化主料、变化辅料以及应用新原料等创新方式。

[任务实施]

1）任务实施地点

理论教室。

2）理论教学实施时间分配

①检查前置任务：10分钟。

②播放原料变化创新菜品展示视频：15分钟。

③学生讲解生活中遇到的原料变化的创新菜品：15分钟。

④老师讲解原料变化的方式及在实践操作中的具体应用：30分钟。

⑤学生提问、老师答疑解惑：10分钟。

[任务资料单]

1）主料的变化方式

菜肴必备的、不可缺少的原料，称为主料。下面介绍创新菜肴中主料的变化方式。

（1）改换主料

改换主料最容易体现菜肴的创新。它不需要我们更多地设想，只需要在一定条件下简单地套用某一种模式就会很容易创造出新的菜肴。如在宫保鸡丁这一菜肴的组配中，我们可将此菜肴的主料鸡肉分别替换为鲜鱿鱼、虾仁、鲜贝、三文鱼等原料依流程烹调，立即就可以创作出与宫保鸡丁类似的菜肴，就是我们现在称的宫保系列菜肴。以此类推，鱼香系列菜肴、锅巴系列菜肴、粉蒸系列菜肴等都可以创作出许多新的菜品。

（2）增减主料

增减主料也是菜肴创新的一种方法。我们以某一菜肴原有主料为基础，再增减一种以至若干种主料经过烹制创新出更多的菜肴。实际上，这种变化在过去早已有之，只要翻开菜谱书，就会发现许多此类菜肴，如火爆双脆、什锦素烩等，都属于增添主料变化出的一类菜肴。只要我们掌握了各种原料的性质，加以适当的组配，就会创作出新的菜品。

2）辅料的变化方式

菜肴中起衬托、添补等辅助作用的，根据条件可有可无的原料称为辅料。下面介绍创新菜肴中辅料的变化方式。

（1）改换辅料

辅料的易变化性略微低于主料。因为辅料在有些方面受主料的制约，隶属于主料而处于被动的位置，但是其变化的内容也很丰富。在实际运用中，只要我们保持某一菜肴主料不变，将辅料进行调换依流程烹制，就会变换出新的菜肴。如将腰果兔丁的辅料腰果替换为松仁或玉米、开心果等，就会创新出松仁兔丁、开心果兔丁等菜肴。

（2）增减辅料

有辅料的增减辅料或没有辅料的加上辅料，也是菜肴创新的一种方法。这种方法通过增加或减少菜肴的味感，点缀菜肴的色泽或改变菜肴的组配结构产生新的菜肴品种。其操作方法较容易，只要我们在某种菜品中增加或减少某一种辅料，就会使菜品变化成另一种菜品，例如，红烧鱼皮变为三鲜鱼皮，在腊肉咸烧白的糯米中加蔬菜（玉米、胡萝卜、青豆等），在果仁鲜贝中加甜红椒等。

3）新原料的应用

虽然主料变化和辅料变化的创新菜肴在市面上已经很多，但是离全面满足消费者的要求还有一定距离，还需要我们去发现、去开发更多的新原料，用于丰富菜肴品种，如菌类、花类、野菜类、新鲜可食用药材类等。同时，也需要我们利用现代的科学技术、先进的生产设备和各种烹饪技法，将基础原料加工成可食用的烹饪原料，从而进一步丰富烹饪原料的品种。

原料的取用范围虽然广泛，其变化方式也较为普及，但是，我们还必须考虑主料、辅料及新原料的性质以及相互之间的关系，注重创新菜肴的营养卫生，同时在原料的取用中也应该考虑动植物保护问题。

[理论考核标准]

序号	考核细分项目	标准分数/分	得分/分
1	主料的变化方式	30	
2	辅料的变化方式	30	
3	新原料的应用	30	
4	完成时间	10	
5	总分/分		

[任务考核标准]

项目	前置任务	理论	通用能力	小组互评	教师总评
分值/分	10	70	5	5	10
得分/分					
总分/分					

说明

【前置任务】课前布置的任务，根据完成情况打分。

【理　　论】本任务涉及的理论知识，根据学习情况打分。

【通用能力】包括出勤（按时到岗，学习准备就绪），衣着，行为规范（自觉遵守纪律，有责任心和荣誉感），学习态度（积极主动，不怕困难，勇于探索），团队分工合作（能融入集体，愿意接受任务并积极完成），实行扣分制，根据情况扣1～3分。

【小组互评】值周小组对各小组完成任务的整体情况进行评价，按照优秀5分、良好4分、合格3分、不合格2分的标准进行打分，计入每个组员的成绩中。

【教师总评】教师对各小组完成任务的整体情况进行评价，按照优秀10分、良好8分、合格6分、不合格4分的标准进行打分，计入每个组员的成绩中。

任务2　宫保虾球

[前置任务]

①查阅菜品资料，结合已有的烹饪知识，根据宫保虾球的烹调方法、味型，变换原料，制作3款创新菜品。

项目	主料	辅料	烹调方法	味型
创新菜品1			滑炒	煳辣荔枝味
创新菜品2			滑炒	煳辣荔枝味
创新菜品3			滑炒	煳辣荔枝味

②查阅相关资料，了解宫保类菜品的历史典故、代表菜品等。

[任务介绍]

宫保虾球是以大虾和腰果为原料，借用宫保类菜肴的味型和烹调方法制作而成的创新热菜。成品构思新颖，色泽棕红，大虾滑嫩，腰果酥脆，口感咸鲜、酸甜带煳辣。该品种适应面广，市场接受度好。

1）教学目标
①通过本次操作，掌握原料变化的方式。
②掌握宫保虾球的制作方法。
③能够根据宫保虾球的制作方法，结合原料变化方式，独立制作变化菜品。

2）教学重点
掌握原料变化的方式。

3）教学难点
根据宫保虾球的制作方法，结合原料变化方式，独立制作变化菜品。

[任务实施]

1）任务实施地点
烹饪实训中心。

2）理实一体化任务实施时间分配
①检查前置任务：10分钟。
②教师讲解理论：20分钟。
③准备原料：10分钟。
④教师操作示范：30分钟。
⑤学生5～6人组合实训：60分钟。
⑥评价：20分钟。
⑦卫生：10分钟。

[任务资料单]

宫保虾球

将宫保鸡丁的制作方法、味型以及调辅料的配置转换到其他原料上，形成的菜品称为"宫保系列菜肴"。宫保虾球就是将主料变成虾仁，在口味与火候上又有针对性地做出相应调整，形成的一道颇具新意的创新菜。

[原料]

①主料：虾仁250克。

②调辅料：腰果50克，干辣椒15克，花椒5克，老姜10克，大葱30克，大蒜10克，精盐2克，味精2克，白糖15克，醋15克，酱油5克，料酒10克，水淀粉30克，鲜汤30克，精炼油1 000克（约耗75克），适量清水等。

[工艺流程]

原料初加工 → 刀工处理 → 熟处理 → 滋汁调制 → 炒制 → 装盘成菜

[操作步骤]

①原料初加工：在虾仁背部顺划1刀，进刀深度为虾肉的1/2，去虾线，放入碗内，加入精盐、料酒、水淀粉等拌匀，备用。

②刀工处理：干辣椒切1厘米长的节，姜、蒜切指甲片，大葱切丁，备用。

③熟处理：炒锅置火上，加入精炼油，烧至三成热，下入腰果，炸至表皮微黄时捞出备用。

④滋汁调制：碗内加入精盐、酱油、醋、白糖、水淀粉、料酒、鲜汤等调成滋汁，备用。

⑤炒制：炒锅置中火上，放入精炼油，烧至五成热，下入虾仁，待其滑散翻花呈球状时捞起，锅内留油50克，转用旺火，放干辣椒节、花椒炒至棕红色，放虾球、姜片、蒜片、葱丁等，炒出香味，烹入滋汁，收汁亮油，加入腰果，翻炒均匀。

⑥装盘成菜：起锅装盘成菜。

[技术要领]

①为保证成菜后虾仁色泽棕红，码芡时不要加酱油。

②为了不掩盖虾仁的鲜香，滋汁中酱油、糖、醋的用量都要比制作宫保鸡丁时少。

③因为虾仁已经提前滑油断生，所以炒制时间宜短。

【宫保类菜肴图片展示】

宫保腰块

宫保扇贝

宫保豆腐

宫保兔丁

【技能考核标准】

序号	考核细分项目	标准分数/分	得分/分
1	成菜效果	60	
2	刀工技术	10	
3	调味技术	10	
4	烹调火候	10	
5	完成时间（60分钟）	10	
6	总分/分		

【任务考核标准】

项目	前置任务	技能	通用能力	小组互评	教师总评
分值/分	10	70	5	5	10
得分/分					
总分/分					

说明

【前置任务】课前布置的任务，根据完成情况打分。

【技　　能】学生的操作标准，根据完成情况打分。

【通用能力】包括出勤（按时到岗，学习准备就绪），衣着，行为规范（自觉遵守纪律，有责任心和荣誉感），学习态度（积极主动，不怕困难，勇于探索），团队分工合作（能融入集体，愿意接受任务并积极完成），实行扣分制，根据情况扣1~3分。

【小组互评】值周小组对各小组的整体完成任务情况进行评价，按照优秀5分、良好4分、合格3分、不合格2分的标准进行打分，计入每个组员的成绩中。

【教师总评】教师对各小组的整体完成任务情况进行评价，按照优秀10分、良好8分、合格6分、不合格4分的标准进行打分，计入每个组员的成绩中。

任务3　香辣蟹

[前置任务]

①查阅菜品资料，结合已有的烹饪知识，根据香辣蟹的烹调方法、味型，变换原料，制作3款创新菜品。

项目	主料	辅料	味型	烹调方法
创新菜品1			香辣味	炒
创新菜品2			香辣味	炒
创新菜品3			香辣味	炒

②查阅相关资料，了解海鲜的川式做法。

[任务介绍]

香辣蟹是以肉蟹为主料，借用川菜的香辣味型和炒的烹调方法制作而成的创新热菜。成品构思新颖，造型美观，香辣味浓。

1）教学目标

①通过本次操作，掌握原料变化的方式。

②掌握香辣蟹的制作方法。

③能够根据香辣蟹的制作方法，结合原料变化方式，独立制作变化菜品。

2）教学重点

掌握原料变化的方式。

3）教学难点

根据香辣蟹的制作方法，结合原料变化方式，独立制作变化菜品。

[任务实施]

1）任务实施地点

烹饪实训中心。

2）理实一体化任务实施时间分配

①检查前置任务：10分钟。

②教师讲解理论：20分钟。

③准备原料：10分钟。

④教师操作示范：30分钟。

⑤学生5～6人组合实训：60分钟。

⑥评价：20分钟。

⑦卫生：10分钟。

[任务资料单]

香 辣 蟹

香辣蟹是川菜中的一道经典创新菜品。此菜以肉蟹为主料，借用了川菜的香辣味型，成菜色泽红亮，鲜香麻辣，适宜佐酒，深受食客喜欢。

[原料]

①主料：肉蟹2只，约300克。

②调辅料：洋葱50克，二荆条青辣椒50克，二荆条红辣椒50克，香辣酱20克，干辣椒30克，花椒10克，老姜10克，大葱20克，精盐2克，味精2克，白糖15克，酱油3克，料酒10克，香油10克，干淀粉50克，白芝麻15克，精炼油1 000克（约耗100克），鲜汤、清水等适量。

[工艺流程]

```
原料初加工 → 刀工处理 → 熟处理 → 炒制 → 装盘成菜
```

[操作步骤]

①原料初加工：从背部撬开蟹盖，去除蟹鳃、尖脚，洗净备用。

②刀工处理：将蟹身切块，卸下蟹螯，蟹螯拍破，干辣椒切1厘米长的节，姜切长片，大葱切段，青、红二荆条辣椒对剖切5厘米长的段，洋葱切块，备用。

③熟处理：炒锅置火上，加入精炼油，烧至五成热，蟹块拍粉，放入油中，炸至表面棕红、蟹壳脆硬时捞出，备用。

④炒制：炒锅置中火上，加入适量精炼油，烧至三成热，下入香辣酱炒香上色，加入干辣椒、花椒炒香，下入葱段、姜片等炒香，加入过油后的蟹块翻炒，烹入料酒，加入鲜汤，调入精盐、味精、白糖、酱油等略炒，加入青、红二荆条辣椒段炒出香味，淋入香油翻炒均匀即可。

⑤装盘成菜：起锅撒入芝麻即可。

成/菜/特/点

色泽红亮，
蟹肉细嫩，
香辣味浓。

[技术要领]

①肉蟹在初加工时一定要洗净，去除不可食用部分。

②由于成菜要求色泽红亮，因此炒制香辣酱时，一定要注意火候及酱油的用量。

③蟹壳虽不能食用，但可作装盘用，不可丢弃。

④蟹螯拍破，方便入味。

【 香辣类菜肴图片展示 】

香辣茶树菇

香辣田螺

香辣兔丁

香辣掌中宝

[技能考核标准]

序号	考核细分项目	标准分数/分	得分/分
1	成菜效果	60	
2	刀工技术	10	
3	调味技术	10	
4	烹调火候	10	
5	完成时间（60分钟）	10	
6	总分/分		

[任务考核标准]

项目	前置任务	技能	通用能力	小组互评	教师总评
分值/分	10	70	5	5	10
得分/分					
总分/分					

说明

【前置任务】课前布置的任务，根据完成情况打分。

【技　能】学生的操作标准，根据完成情况打分。

【通用能力】包括出勤（按时到岗，学习准备就绪），衣着，行为规范（自觉遵守纪律，有责任心和荣誉感），学习态度（积极主动，不怕困难，勇于探索），团队分工合作（能融入集体，愿意接受任务并积极完成），实行扣分制，根据情况扣1~3分。

【小组互评】值周小组对各小组完成任务的整体情况进行评价，按照优秀5分、良好4分、合格3分、不合格2分的标准进行打分，计入每个组员的成绩中。

【教师总评】教师对各小组完成任务的整体情况进行评价，按照优秀10分、良好8分、合格6分、不合格4分的标准进行打分，计入每个组员的成绩中。

任务4 鱼香小鲍鱼

[前置任务]

①查阅菜品资料，结合已有的烹饪知识，根据鱼香小鲍鱼的烹调方法、味型，变换原料，制作3款创新菜品。

项目	主料	辅料	味型	烹调方法
创新菜品1			鱼香味	熘汁
创新菜品2			鱼香味	熘汁
创新菜品3			鱼香味	熘汁

②查阅相关资料，了解鱼香味型的由来。

[任务介绍]

鱼香小鲍鱼是以鲍鱼为主料，借用热菜的鱼香味型和熘汁的烹调方法制作而成的创新热菜。成品构思新颖，造型美观，色彩艳丽，鱼香味浓，适用于中高档餐厅，市场接受度好。

1）教学目标

①通过本次操作，掌握原料变化的方式。

②掌握鱼香小鲍鱼的制作方法。

③根据鱼香小鲍鱼的制作方法，结合原料变化方式，独立制作变化菜品。

2）教学重点

掌握原料变化的方式。

3）教学难点

根据鱼香小鲍鱼的制作方法，结合原料变化方式，独立制作变化菜品。

[任务实施]

1）任务实施地点

烹饪实训中心。

2）理实一体化任务实施时间分配

①检查前置任务：10分钟。

②教师讲解理论：20分钟。

③准备原料：10分钟。

④教师操作示范：30分钟。

⑤学生5～6人组合实训：60分钟。

⑥评价：20分钟。

⑦卫生：10分钟。

[任务资料单]

鱼香小鲍鱼

此菜借用鱼香味型，以小鲍鱼为主料、油菜为辅料，是一道典型的原料变化创新菜品。

[原料]

①主料：小鲍鱼10只，约250克。

②调辅料：油菜150克，泡辣椒20克，豆瓣3克，老姜10克，小葱30克，大蒜10克，精盐2克，味精2克，白糖20克，醋20克，酱油2克，料酒5克，白卤水1 000克，淀粉10克，鲜汤100克，精炼油75克，色拉油、香油、清水等适量。

[工艺流程]

原料初加工 → 刀工处理 → 熟处理 → 炒制鱼香味汁 → 装盘成菜

[操作步骤]

①原料初加工：小鲍鱼去壳洗净，放入碗内备用。油菜去老叶，留嫩心，洗净备用。

②刀工处理：在鲍鱼背面切十字花刀，进刀深度为鲍鱼肉的2/3，泡辣椒、豆瓣剁细备用，小葱切葱花，老姜、大蒜切成粒，备用。

③熟处理：炒锅置火上，加入白卤水，下入经刀工处理的鲍鱼，小火卤制10分钟，关火浸泡20分钟。取另一口锅，加入清水500克，置火上烧开，加入精盐、味精、色拉油等，下入油菜，焯水至断生，捞出备用。

④炒制鱼香味汁：炒锅置中火上，放适量精炼油烧至三成热，下入泡辣椒、豆瓣炒香上色，加入姜粒、蒜粒炒香，下入一半葱花炒香，下入精盐、味精、白糖、醋、酱油、料酒等调味，加入鲜汤烧开。勾入水淀粉，加入剩余葱花，淋入香油，备用。

⑤装盘成菜：起锅，将鲍鱼及油菜装盘，淋入鱼香味汁成菜。

[技术要领]

①白卤水卤制鲍鱼时，要浸泡20分钟鲍鱼才能入味。

②油菜焯水时要加入底味，加入色拉油的目的是使油菜表面更亮。

③炒制鱼香味汁要把握好姜、葱、蒜的比例，酱油不宜过多，否则影响色泽。

【鱼香类菜肴图片展示】

鱼香腰花

鱼香扇贝

鱼香藕夹

鱼香虾球

[技能考核标准]

序号	考核细分项目	标准分数/分	得分/分
1	成菜效果	60	
2	刀工技术	10	
3	调味技术	10	
4	烹调方法	10	
5	完成时间（60分钟）	10	
6	总分/分		

[任务考核标准]

项目	前置任务	技能	通用能力	小组互评	教师总评
分值/分	10	70	5	5	10
得分/分					
总分/分					

说明

【前置任务】课前布置的任务，根据完成情况打分。

【技　　能】学生的操作标准，根据完成情况打分。

【通用能力】包括出勤（按时到岗，学习准备就绪），衣着，行为规范（自觉遵守纪律，有责任心和荣誉感），学习态度（积极主动，不怕困难，勇于探索），团队分工合作（能融入集体，愿意接受任务并积极完成），实行扣分制，根据情况扣1~3分。

【小组互评】值周小组对各小组完成任务的整体情况进行评价，按照优秀5分、良好4分、合格3分、不合格2分的标准进行打分，计入每个组员的成绩中。

【教师总评】教师对各小组完成任务的整体情况进行评价，按照优秀10分、良好8分、合格6分、不合格4分的标准进行打分，计入每个组员的成绩中。

任务5　椒麻牛肉

[前置任务]

①查阅菜品资料，结合已有的烹饪知识，根据椒麻牛肉的烹调方法、味型，变换原料，制作3款创新菜品。

项目	主料	辅料	味型	烹调方法
创新菜品1			椒麻味	拌
创新菜品2			椒麻味	拌
创新菜品3			椒麻味	拌

②查阅相关资料，了解椒麻味的调制过程及冷菜凉拌的方法。

[任务介绍]

椒麻牛肉是以牛腱子肉为主料，借用中餐椒麻味型和凉拌的烹调方法制作而成的创新冷菜。成品构思新颖，造型美观，牛肉紧实，椒麻味浓。该菜品适于中高档餐厅，有一定市场接受度。

1）教学目标

①通过本次操作，掌握原料变化的方式。

②掌握椒麻牛肉的制作方法。

③能够根据椒麻牛肉的制作方法，结合原料变化方式，独立制作变化菜品。

2）教学重点

掌握原料变化的方式。

3）教学难点

根据椒麻牛肉的制作方法，结合原料变化方式，独立制作变化菜品。

[任务实施]

1）任务实施地点

烹饪实训中心。

2）理实一体化任务实施时间分配

①检查前置任务：10分钟。

②教师讲解理论：20分钟。

③准备原料：10分钟。

④教师操作示范：30分钟。

⑤学生5~6人组合实训：60分钟。

⑥评价：20分钟。

⑦卫生：10分钟。

[任务资料单]

椒麻牛肉

　　将椒麻鸡爪的制作方法、味型以及调辅料转换到牛肉上，在成形与调味上有针对性地进行调整，形成一道原料变化的创新菜。

[原料]

　　①主料：牛肉250克。
　　②调辅料：小葱30克，花椒15克，精盐2克，味精2克，料酒5克，白卤水2 000克，鲜汤65克，香油10克，清水等适量。

[工艺流程]

原料初加工 ➡ 熟处理 ➡ 刀工处理 ➡ 调制椒麻味汁 ➡ 装盘成菜

①原料初加工：将牛肉洗净备用，小葱洗净备用，花椒泡水备用。

②熟处理：将洗净的牛肉焯水，放入卤水，小火卤制90分钟，关火浸泡1小时，捞出放凉备用。

③刀工处理：将卤制好的牛肉切成长5厘米、宽0.4厘米的条备用。小葱切段备用，花椒沥干水分、斩细备用。

④调制椒麻味汁：将斩细的花椒和小葱段放入搅拌机，掺入适量鲜汤，搅打成糊。椒麻糊加入精盐、味精、料酒、鲜汤、香油等调制成椒麻糊味汁，装碟备用。

⑤装盘成菜：将经刀工处理的牛肉条装盘，配以椒麻糊味碟成菜。

[技术要领]

①白卤水卤制牛肉时，卤制和浸泡时间充足，这样牛肉才入味。

②制作椒麻糊时，注意小葱和花椒的比例。

成/菜/特/点

色泽碧绿，
牛肉筋道，
椒麻味浓。

【椒麻类菜肴图片展示】

椒麻松茸菌

椒麻兔条

椒麻鸭舌

椒麻鱼

[技能考核标准]

序号	考核细分项目	标准分数/分	得分/分
1	成菜效果	60	
2	刀工技术	10	
3	调味技术	10	
4	烹调方法	10	
5	完成时间（60分钟）	10	
6	总分/分		

[任务考核标准]

项目	前置任务	技能	通用能力	小组互评	教师总评
分值/分	10	70	5	5	10
得分/分					
总分/分					

说明

【前置任务】课前布置的任务，根据完成情况打分。

【技　　能】学生的操作标准，根据完成情况打分。

【通用能力】包括出勤（按时到岗，学习准备就绪），衣着，行为规范（自觉遵守纪律，有责任心和荣誉感），学习态度（积极主动，不怕困难，勇于探索），团队分工合作（能融入集体，愿意接受任务并积极完成），实行扣分制，根据情况扣1～3分。

【小组互评】值周小组对各小组完成任务的整体情况进行评价，按照优秀5分、良好4分、合格3分、不合格2分的标准进行打分，计入每个组员的成绩中。

【教师总评】教师对各小组完成任务的整体情况进行评价，按照优秀10分、良好8分、合格6分、不合格4分的标准进行打分，计入每个组员的成绩中。

任务6　沸腾鱼

[前置任务]

①查阅菜品资料，结合已有的烹饪知识，根据沸腾鱼的烹调方法、味型，变换原料，制作3款创新菜品。

项目	主料	辅料	味型	烹调方法
创新菜品1			麻辣味	水煮
创新菜品2			麻辣味	水煮
创新菜品3			麻辣味	水煮

②查阅相关资料，了解水煮系列菜品的不同做法。

[任务介绍]

沸腾鱼是以草鱼为主料，以香辛类时蔬为辅料，借用中餐麻辣味型和水煮的烹调方法制作而成的创新热菜。成品构思新颖，色泽黄亮，鱼片细嫩，鲜香麻辣。

1）教学目标
①通过本次操作，掌握原料变化的方式。
②掌握沸腾鱼的制作方法。
③能够根据沸腾鱼的制作方法，结合原料变化方式，独立制作变化菜品。

2）教学重点
掌握原料变化的方式。

3）教学难点
根据沸腾鱼的制作方法，结合原料变化方式，独立制作变化菜品。

[任务实施]

1）任务实施地点
烹饪实训中心。

2）理实一体化任务实施时间分配
①检查前置任务：10分钟。
②教师讲解理论：20分钟。
③准备原料：10分钟。
④教师操作示范：30分钟。
⑤学生5～6人组合实训：60分钟。
⑥评价：20分钟。
⑦卫生：10分钟。

[任务资料单]

沸腾鱼

　　沸腾鱼又名水煮鱼，是一款经典川菜创新菜。看似原始的做法，实际考究，需选取新鲜活鱼，重用干辣椒、花椒。成菜辣而不燥，麻而不苦，油而不腻，鱼肉口感滑嫩。

[原料]

　　①主料：草鱼1条（约500克）。

　　②调辅料：豆芽150克，干辣椒50克，花椒25克，老姜15克，小葱30克，大蒜10克，大葱20克，香菜10克，豆瓣20克，精盐3克，味精2克，料酒20克，鲜汤250克，精炼油1 000克（约耗750克），清水等适量。

[工艺流程]

原料初加工 → 刀工处理 → 熟处理 → 烹制 → 装盘成菜

[操作步骤]

①原料初加工：将鱼拍晕，去鳞、去鳃、去内脏，洗净备用。豆芽、老姜、小葱、大葱、大蒜、香菜等洗净备用。

②刀工处理：鱼肉改刀成鱼片，鱼骨斩成小段、鱼头对剖，将鱼片及鱼骨、鱼头分别用精盐、料酒、老姜、大葱等码味备用。豆芽去根，切成两段备用。干辣椒切1厘米长的节，老姜、大蒜切成姜米、蒜米备用，小葱切成葱花备用。豆瓣斩细备用。

③熟处理：炒锅置火上，加入适量水，烧开，再加入适量精盐，然后加入豆芽，焯水至断生，捞出沥干水分装入盆中垫底备用。

④烹制：锅洗净，加入适量精炼油，烧至三成热时加入豆瓣，炒香上色，加入姜米、蒜米、葱花等炒香，加入适量鲜汤烧开，放入精盐、味精，先下入鱼头烧3分钟，再加入鱼排烧2分钟，倒入盛有豆芽垫底的容器内备用。炒锅洗净置火上，加入适量清水烧开，放入码味后的鱼片，焯水至断生，捞出平铺在鱼排上，撒上干辣椒、花椒，淋热油，激出煳辣香味即可。

⑤装盘成菜：香菜点缀装盘成菜。

成/菜/特/点

色泽红亮，
鱼肉细嫩，
煳辣味浓。

[技术要领]

①鱼头、鱼排、鱼片要分开熟制，注意区分成熟时间，保证鱼头和鱼排成熟、鱼片滑嫩。

②干辣椒、花椒用量要够，否则煳辣味不浓。

③注意精炼油的用量和油温的控制

水煮鸡片

水煮腰花

水煮素什锦

水煮野山菌

[技能考核标准]

序号	考核细分项目	标准分数/分	得分/分
1	成菜效果	60	
2	刀工技术	10	
3	调味技术	10	
4	烹调方法	10	
5	完成时间（60分钟）	10	
6	总分/分		

[任务考核标准]

项目	前置任务	技能	通用能力	小组互评	教师总评
分值/分	10	70	5	5	10
得分/分					
总分/分					

说明

【前置任务】课前布置的任务，根据完成情况打分。

【技　　能】学生的操作标准，根据完成情况打分。

【通用能力】包括出勤（按时到岗，学习准备就绪），衣着，行为规范（自觉遵守纪律，有责任心和荣誉感），学习态度（积极主动，不怕困难，勇于探索），团队分工合作（能融入集体，愿意接受任务并积极完成），实行扣分制，根据情况扣1~3分。

【小组互评】值周小组对各小组完成任务的整体情况进行评价，按照优秀5分、良好4分、合格3分、不合格2分的标准进行打分，计入每个组员的成绩中。

【教师总评】教师对各小组完成任务的整体情况进行评价，按照优秀10分、良好8分、合格6分、不合格4分的标准进行打分，计入每个组员的成绩中。

味型变化创新及实例

任务1　味型变化的方式

[前置任务]

①查阅相关资料，结合已有的烹饪知识，根据给出的原料，变换味型，制作3款创新菜品。

项目	菜品名称	味型	原料	烹调方法
创新菜品1			猪肉	
创新菜品2			猪肉	
创新菜品3			猪肉	

②查阅相关资料，了解创新菜肴中味型变化的方式。

[任务介绍]

"味型变化的方式"主要讲述菜肴创新中传统味型的变化和菜系间味型的融合。学生通过本任务的学习，基本认识味型变化创新菜肴，明确学习菜肴创新的重要性，为日后菜肴创新学习做铺垫。

　1）教学目标

①通过本任务的学习，掌握通过传统味型的变化和菜系间味型的融合创新菜肴的方式。

②掌握菜肴创新中传统味型变化的方式及应用。

③掌握菜肴创新中菜系间味型融合的方式及应用。

　2）教学重点

掌握菜肴创新中味型变化的方式。

　3）教学难点

结合理论知识，在实际操作中应用味型的变化创新菜肴。

[任务实施]

　1）任务实施地点

理论教室。

　2）理论教学实施时间分配

①检查前置任务：10分钟。

②播放味型变化创新菜品展示视频：15分钟。

③学生讲解生活中遇到的味型变化的创新菜品：15分钟。

④老师讲解味型变化的方式及在实际操作中的具体应用：30分钟。

⑤学生提问、老师答疑解惑：10分钟。

[任务资料单]

1）传统味型的变化

（1）同一味型中改变调味品的比例

川菜菜品调味，一菜一味，百菜百味。菜肴制作过程中调味品用量的增减，会产生不同的味型，变化出许多不同的复合味。例如，在茄汁味型中，减少甜味或酸味的比例，增大咸味的比例，茄汁味就会变成荔枝味；在咸甜味型中，减少咸味的比例，增大甜味的比例，咸甜味就会变成甜咸味。又如川菜中的鱼香系列菜肴、宫保系列菜肴、锅巴系列菜肴，在选用精盐、酱油、白糖、醋、鲜汤、水淀粉兑制调味芡汁时要求是荔枝味。荔枝味的味感表现是咸鲜味高于甜酸味，由此要求鱼香系列菜肴的味感是咸鲜带酸甜的小荔枝味；宫保系列菜肴是咸、鲜、甜、酸比较适度的荔枝味（有的称中荔枝味）；锅巴系列菜肴是咸、鲜、甜、酸都比较强的大荔枝味。这3类菜肴的荔枝味的调制就是咸、鲜、甜、酸调味品用量上的增减。通过在同一味型中改变其调味品的比例这一方法，就可以演变出新的味型，制作出新味型的创新菜肴。

（2）在同一味型的基础上增减调味品

在菜肴中，增减调味品是味型变化的又一种方法。通过这种变化可以创新出更多的菜肴。例如，冷菜中的蒜泥味减去蒜泥就成了红油味；麻酱味中加入红油就成了红油麻酱味；椒麻味里加入辣椒油或白醋、芥末就又是一类新的复合味，运用于凉菜中更具风味。

（3）改变菜品味型

只要我们能调制好各种复合味汁，掌握它们的运用方法，就能很快创制出新的菜品。例如脆皮鱼，经过一定的烹调工艺将鱼烹制成熟装盘后，淋上烹制好的复合味汁：如果淋入的是茄汁味汁，它就是茄汁脆皮鱼；如果淋入的是糖醋味汁，它就是糖醋脆皮鱼；如果选用的是其他新的复合味汁，就形成了一道新味型的创新鱼类菜品，当然复合味汁不同，菜肴的风味也就不同，菜肴的命名也就变化了，这样更多的新菜品就出现了。

（4）选用其他原料作调味品，调制新型的复合味型

烹调菜肴时，能够改善、丰富、增强菜肴风味特色的佐料，称为调味品。在变化味型创新菜肴时，不仅要考虑现有的调味品，还应该寻找新的调味品。生活中，许多烹饪原料是可以作为调味品的，我们要摆脱固定思维模式的束缚，通过认真分析，优化组合，反复实验，大胆研发新型调味品。例如，果汁、茶叶汁、香味花汁，以及一些中草药，均可以成为调味品供我们使用。调味品不是固有的，是通过人们在实际生活中不断认识、开拓、研制、运用而发现的。有了新的调味品，只要将它们灵活运用，就能创制出新的复合味型，将新的复合味型与主辅料结合就会创作出更多新的菜品。

2）菜系间味型的融合

（1）中国菜系间味型的融合

中国菜系众多，味型多样，以川、粤、鲁、苏为代表的四大菜系，味型相互融合、相互借鉴的情况较多。比如，现新派川菜味型上受粤菜、淮扬菜影响，在麻辣调味品的用量上有所减少，盐的用量也有所减少，由重味向清淡转变。粤式调味品（煲仔酱、叉烧酱、沙茶酱、海鲜酱）越来越多地运用到川菜菜品制作中，对川菜菜品的创新发展有积极的意义。

（2）外国菜调味品的运用

取众家之长，以丰富、创新自己的菜品，在过去有之。现今，外国菜的进入带来了更多新的烹饪原料、新的工艺，增添了调味品，也丰富了菜肴品种。我们在菜肴制作创新中，引进各种外国菜调味料，运用外国菜的味型，丰富川菜菜品味型，制作新菜肴。如用西餐的香料替换

中式的香料。

[理论考核标准]

序号	考核细分项目	标准分数/分	得分/分
1	传统味型的变化	30	
2	中国菜系味型融合的变化	30	
3	外国菜调味料的应用	30	
4	完成时间	10	
5	总分/分		

[任务考核标准]

项目	前置任务	理论	通用能力	小组互评	教师总评
分值/分	10	70	5	5	10
得分/分					
总分/分					

说
明

【前置任务】课前布置的任务，根据完成情况打分。

【理　论】本任务涉及的理论知识，根据学习情况打分。

【通用能力】包括出勤（按时到岗，学习准备就绪），衣着，行为规范（自觉遵守纪律，有责任心和荣誉感），学习态度（积极主动，不怕困难，勇于探索），团队分工合作（能融入集体，愿意接受任务并积极完成），实行扣分制，根据情况扣1～3分。

【小组互评】值周小组对各小组完成任务的整体情况进行评价，按照优秀5分、良好4分、合格3分、不合格2分的标准进行打分，计入每个组员的成绩中。

【教师总评】教师对各小组完成任务的整体情况进行评价，按照优秀10分、良好8分、合格6分、不合格4分的标准进行打分，计入每个组员的成绩中。

任务2 茄汁排骨

[前置任务]

①查阅菜品资料，结合已有的烹饪知识，根据给出的烹调方法及原料，变换味型，制作3款创新菜品。

项目	菜品名称	味型	原料	烹调方法
创新菜品1			猪排骨	炸收
创新菜品2			猪排骨	炸收
创新菜品3			猪排骨	炸收

②查阅相关资料，了解炸收类菜肴的工艺流程。

[任务介绍]

茄汁排骨是以猪排骨为主料，借用中餐茄汁味型和炸收的烹调方法制作而成的菜品。成品色泽棕红，鲜香酸甜，回味悠长。该品种适应面较广，冷热皆可食用。

1）教学目标

①通过本次操作，掌握味型变化的方式。

②掌握茄汁排骨的制作方法。

③能够根据茄汁排骨的制作方法，结合味型变化方式，独立制作变化菜品。

2）教学重点

掌握味型变化的方式。

3）教学难点

根据茄汁排骨的制作方法，结合味型变化方式，独立制作变化菜品。

[任务实施]

1）任务实施地点

烹饪实训中心。

2）理实一体化任务实施时间分配

①检查前置任务：10分钟。

②教师讲解理论：20分钟。

③准备原料：10分钟。

④教师操作示范：30分钟。

⑤学生5～6人组合实训：60分钟。

⑥评价：20分钟。

⑦卫生：10分钟。

[任务资料单]

茄汁排骨

用糖醋排骨的制作方法，将原来的糖醋味型改成茄汁味型，形成一道味型变化创新菜。

[原料]

①主料：猪排骨250克。

②调辅料：老姜10克，大葱30克，精盐2克，味精2克，白糖20克，醋5克，番茄酱20克，料酒10克，鲜汤250克，精炼油1 000克（约耗75克），香油、清水等适量。

[工艺流程]

原料初加工 → 刀工处理 → 熟处理 → 收制 → 装盘成菜

[操作步骤]

①原料初加工：排骨洗净，老姜、大葱洗净备用。

②刀工处理：排骨斩成长约6厘米的段，老姜切片，大葱切段拍破，备用。

③熟处理：炒锅置火上，加入适量清水，下入排骨段，加入老姜、大葱、料酒等去腥，煮制成熟捞出备用；锅洗净，加入精炼油1 000克，烧至七成热，下入成熟的排骨段，炸至表面金黄变硬时捞出备用。

④收制：炒锅置火上，放精炼油烧至三成热，下入姜片、葱段炒香，加入番茄酱，炒成鱼子状，掺入鲜汤，下入排骨、精盐、味精、白糖、料酒等，收干汁水，加入醋和香油即可。

⑤装盘成菜：起锅装盘成菜。

[技术要领]

①为保证成菜色泽，可加入适量糖色，但糖色不宜过嫩。

②掌握好番茄酱的用量及炒制的火候，否则将直接影响菜品的色泽和口感。

成/菜/特/点

色泽红亮，
排骨干香滋润，
茄汁味浓。

【 排骨类菜肴图片展示 】

金瓜蒸排骨

碳烤排骨

香辣仔排

腌腊排骨

[技能考核标准]

序号	考核细分项目	标准分数/分	得分/分
1	成菜效果	60	
2	刀工技术	10	
3	调味技术	10	
4	烹调方法	10	
5	完成时间（60分钟）	10	
6	总分/分		

[任务考核标准]

项目	前置任务	技能	通用能力	小组互评	教师总评
分值/分	10	70	5	5	10
得分/分					
总分/分					

说
明

【前置任务】课前布置的任务，根据完成情况打分。

【技　　能】学生的操作标准，根据完成情况打分。

【通用能力】包括出勤（按时到岗，学习准备就绪），衣着，行为规范（自觉遵守纪律，有责任心和荣誉感），学习态度（积极主动，不怕困难，勇于探索），团队分工合作（能融入集体，愿意接受任务并积极完成），实行扣分制，根据情况扣1~3分。

【小组互评】值周小组对各小组完成任务的整体情况进行评价，按照优秀5分、良好4分、合格3分、不合格2分的标准进行打分，计入每个组员的成绩中。

【教师总评】教师对各小组完成任务的整体情况进行评价，按照优秀10分、良好8分、合格6分、不合格4分的标准进行打分，计入每个组员的成绩中。

任务3　鲜辣蹄丁

[前置任务]

①查阅菜品资料，结合已有的烹饪知识，根据给出的烹调方法及原料，变换味型，制作3款创新菜品。

项目	菜品名称	味型	原料	烹调方法
创新菜品1			猪蹄	拌
创新菜品2			猪蹄	拌
创新菜品3			猪蹄	拌

②查阅相关资料，了解冷菜凉拌的方法分类。

[任务介绍]

鲜辣蹄丁是以猪蹄为主料，以鲜椒调味，采用拌的烹调方法制作而成的冷菜。成品色泽棕黄，蹄丁爽脆，咸鲜鲜辣，回味悠长。

1）教学目标

①通过本次操作，掌握味型变化的方式。

②掌握鲜辣蹄丁的制作方法。

③能够根据鲜辣蹄丁的制作方法，结合味型变化方式，独立制作变化菜品。

2）教学重点

掌握味型变化的方式。

3）教学难点

根据鲜辣蹄丁的制作方法，结合味型变化方式，独立制作变化菜品。

[任务实施]

1）任务实施地点

烹饪实训中心。

2）理实一体化任务实施时间分配

①检查前置任务：10分钟。

②教师讲解理论：20分钟。

③准备原料：10分钟。

④教师操作示范：30分钟。

⑤学生5～6人组合实训：60分钟。

⑥评价：20分钟。

⑦卫生：10分钟。

[任务资料单]

鲜 辣 蹄 丁

该菜品以猪蹄为主料，以新鲜二荆条青辣椒、小米辣等鲜辣椒调味，是一道味型创新菜品。

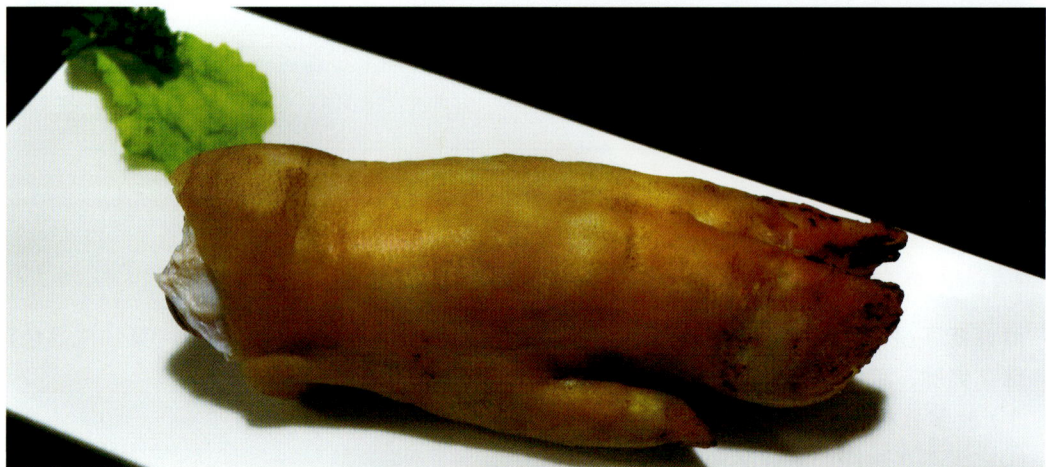

[原料]

①主料：猪蹄300克。

②调辅料：二荆条青辣椒30克，小米辣20克，老姜10克，大蒜10克，精盐2克，味精2克，白糖3克，辣鲜露15克，酱油5克，料酒10克，鲜汤50克，香油10克，清水等适量。

[工艺流程]

原料初加工 → 熟处理 → 刀工处理 → 拌制 → 装盘成菜

[操作步骤]

①原料初加工：猪蹄、二荆条青辣椒、小米辣、老姜、大蒜洗净备用。

②熟处理：炒锅置火上，加入适量清水，放入猪蹄，加入精盐、料酒、老姜等去腥，煮90分钟后，捞出备用。

③刀工处理：猪蹄去骨切成小丁，老姜切成姜丝、大蒜拍破备用，二荆条青辣椒、小米辣切碎备用。

④拌制：将切好的猪蹄丁、姜丝、大蒜、二荆条青辣椒圈、小米辣圈等放入盛器内，加入精盐、味精、白糖、辣鲜露、酱油、料酒、鲜汤、香油等，搅拌均匀即可。

⑤装盘成菜：起锅装盘成菜。

色泽黄亮，
猪蹄脆嫩，
鲜辣味浓。

[技术要领]

①猪蹄在煮制时，刚刚断生即可。

②本菜品重用鲜椒，二荆条青辣椒及小米辣用量要够。

③菜品在拌制以后，可以适当冷藏，入味后味道更佳。

酸辣猪蹄

炭烤猪蹄

香猪蹄

红烧猪蹄

[技能考核标准]

序号	考核细分项目	标准分数/分	得分/分
1	成菜效果	60	
2	刀工技术	10	
3	调味技术	10	
4	烹调方法	10	
5	完成时间（60分钟）	10	
6	总分/分		

[任务考核标准]

项目	前置任务	技能	通用能力	小组互评	教师总评
分值/分	10	70	5	5	10
得分/分					
总分/分					

说明

【前置任务】课前布置的任务，根据完成情况打分。

【技　能】学生的操作标准，根据完成情况打分。

【通用能力】包括出勤（按时到岗，学习准备就绪），衣着、行为规范（自觉遵守纪律，有责任心和荣誉感），学习态度（积极主动，不怕困难，勇于探索），团队分工合作（能融入集体，愿意接受任务并积极完成），实行扣分制，根据情况扣1~3分。

【小组互评】值周小组对各小组完成任务的整体情况进行评价，按照优秀5分、良好4分、合格3分、不合格2分的标准进行打分，计入每个组员的成绩中。

【教师总评】教师对各小组完成任务的整体情况进行评价，按照优秀10分、良好8分、合格6分、不合格4分的标准进行打分，计入每个组员的成绩中。

任务4 跳水鱼

[前置任务]

①查阅菜品资料，结合已有的烹饪知识，根据给出的烹调方法及原料，变换味型，制作3款创新菜品。

项目	菜品名称	味型	原料	烹调方法
创新菜品1			草鱼	水煮
创新菜品2			草鱼	水煮
创新菜品3			草鱼	水煮

②查阅相关资料，了解水煮的方法分类。

[任务介绍]

跳水鱼是以花鲢鱼为主料，借用鲜椒味型和水煮的烹调方法制作而成的创新菜肴。成品色泽黄亮，鱼肉细嫩，鲜椒味浓。

1）教学目标

①通过本次操作，掌握味型变化的方式。

②掌握跳水鱼的制作方法。

③能够根据跳水鱼的制作方法，结合味型变化方式，独立制作变化菜品。

2）教学重点

掌握味型变化的方式。

3）教学难点

根据跳水鱼的制作方法，结合味型变化方式，独立制作变化菜品。

[任务实施]

1）任务实施地点

烹饪实训中心。

2）理实一体化任务实施时间分配

①检查前置任务：10分钟。

②教师讲解理论：20分钟。

③准备原料：10分钟。

④教师操作示范：30分钟。

⑤学生5～6人组合实训：60分钟。

⑥评价：20分钟。

⑦卫生：10分钟。

[任务资料单]

跳 水 鱼

跳水鱼以花鲢鱼为原料，用仔姜、小米辣、藿香叶等调味，是一道味型创新类菜品。

[原料]

①主料：花鲢鱼1条（约1 000克）。

②调辅料：仔姜20克，小米辣10克，青花椒5克，藿香叶20克，香菜叶10克，小葱10克，精盐4克，味精6克，白糖3克，料酒10克，水淀粉10克，鲜汤250克，精炼油50克，藤椒油10克，香油10克，清水等适量。

[工艺流程]

原料初加工 → 刀工处理 → 熟处理 → 炒制芡汁 → 装盘成菜

[操作步骤]

①原料初加工：将鱼拍晕，去鳞，去鳃，去内脏，洗净。将仔姜、小葱、藿香叶、香菜叶等洗净备用。

②刀工处理：在鱼身上剞一字花刀，用精盐、料酒、仔姜、小葱等码味；仔姜切丝，小米辣对剖，藿香叶、香菜叶、小葱切5厘米长的段，备用。

③熟处理：炒锅置火上，加入2 000克水，放入码味后的鱼，水沸后调小火，保持微沸状态，将鱼煮至刚刚断生捞出，放入盘中备用。

④炒制芡汁：锅置火上，放入适量的精炼油，烧至三成热，加入花椒炒香，加入小米辣、仔姜炒香出味，掺入鲜汤，加入精盐、味精、白糖、料酒等，加入藿香叶、香菜叶等，烧香出味，勾薄芡，淋上香油、藤椒油即可。

⑤装盘成菜：将炒制好的芡汁，淋在鱼身上，装盘成菜。

[技术要领]

①鱼在制熟的过程中，火力要小，水微沸，否则会破坏鱼成形。

②味汁调味后一定要勾入薄芡，方便入味。

成/菜/特/点

色泽黄亮，
鱼肉细嫩，
鲜香微辣，
藿香味浓。

【 鱼类菜肴图片展示 】

豆捞鱼丸

干烧鱼

菊花鱼

孜香鳕鱼

[技能考核标准]

序号	考核细分项目	标准分数/分	得分/分
1	成菜效果	60	
2	刀工技术	10	
3	调味技术	10	
4	烹调方法	10	
5	完成时间（60分钟）	10	
6	总分/分		

[任务考核标准]

项目	前置任务	技能	通用能力	小组互评	教师总评
分值/分	10	70	5	5	10
得分/分					
总分/分					

说明

【前置任务】课前布置的任务，根据完成情况打分。

【技　能】学生的操作标准，根据完成情况打分。

【通用能力】包括出勤（按时到岗，学习准备就绪），衣着，行为规范（自觉遵守纪律，有责任心和荣誉感），学习态度（积极主动，不怕困难，勇于探索），团队分工合作（能融入集体，愿意接受任务并积极完成），实行扣分制，根据情况扣1~3分。

【小组互评】值周小组对各小组完成任务的整体情况进行评价，按照优秀5分、良好4分、合格3分、不合格2分的标准进行打分，计入每个组员的成绩中。

【教师总评】教师对各小组完成任务的整体情况进行评价，按照优秀10分、良好8分、合格6分、不合格4分的标准进行打分，计入每个组员的成绩中。

任务5 碎椒兔丁

[前置任务]

①查阅菜品资料，结合已有的烹饪知识，根据给出的烹调方法及原料，变换味型，制作3款创新菜品。

项目	菜品名称	味型	原料	烹调方法
创新菜品1			兔	滑炒
创新菜品2			兔	滑炒
创新菜品3			兔	滑炒

②查阅相关资料，了解滑炒的烹调方法。

[任务介绍]

碎椒兔丁是以兔肉为主料，借用鲜椒味型和滑炒的烹调方法制作而成的创新菜肴。成品色泽美观，兔肉细嫩，鲜椒味浓，若配以薄饼、窝窝头等其味更佳。

1）教学目标
①通过本次操作，掌握味型变化的方式。
②掌握碎椒兔丁的制作方法。
③能够根据碎椒兔丁的制作方法，结合味型变化方式，独立制作变化菜品。
2）教学重点
掌握味型变化的方式。
3）教学难点
根据碎椒兔丁的制作方法，结合味型变化方式，独立制作变化菜品。

[任务实施]

1）任务实施地点
烹饪实训中心。
2）理实一体化任务实施时间分配
①检查前置任务：10分钟。
②教师讲解理论：20分钟。
③准备原料：10分钟。
④教师操作示范：30分钟。
⑤学生5～6人组合实训：60分钟。
⑥评价：20分钟。
⑦卫生：10分钟。

[任务资料单]

碎椒兔丁

　　以兔肉为主料，重用鲜椒，在咸鲜的基础上突出鲜椒的鲜辣味，形成一道颇具新意的、适宜佐酒下饭的创新菜。

[原料]

　　①主料：兔肉250克。

　　②调辅料：二荆条青辣椒50克，小米辣20克，泡椒30克，青花椒5克，小葱20克，大蒜10克，老姜10克，精盐2克，味精2克，白糖3克，酱油5克，料酒10克，水淀粉30克，香油5克，精炼油1 000克（约耗75克），清水等适量。

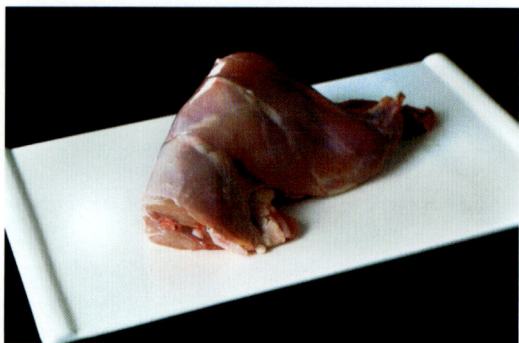

[工艺流程]

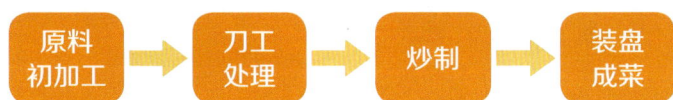

原料初加工 → 刀工处理 → 炒制 → 装盘成菜

[操作步骤]

①原料初加工：将兔肉洗净备用；将二荆条青辣椒、小米辣、小葱、大蒜、老姜等洗净备用。

②刀工处理：将兔肉去骨切成小丁，加入精盐、料酒、水淀粉等抓拌均匀备用；二荆条青辣椒、小米辣、泡辣椒切碎备用；大蒜、老姜切成粒备用。

③炒制：炒锅置中火上，放入精炼油，烧至四成热，下入兔丁，待其滑散后捞起，锅内留油50克，转用旺火，放入青花椒炒香，加入姜粒、蒜粒，炒香，再放入二荆条青辣椒碎、小米辣碎、泡椒碎等炒出香味。加入兔丁，再加入精盐、味精、白糖、酱油、料酒炒匀，勾入水淀粉，淋入香油炒匀即可。

④装盘成菜：起锅，装盘成菜。

[技术要领]

①兔肉滑散，油温不宜过高。

②此菜品突出鲜椒味道，在烹制过程中，要将鲜椒的香味炒出。

成/菜/特/点

色泽黄亮，
兔肉细嫩，
咸鲜浓香，
鲜椒味浓。

【兔类菜肴图片展示】

泡椒兔肚

手撕兔

烫皮仔兔

烟熏兔

[技能考核标准]

序号	考核细分项目	标准分数/分	得分/分
1	成菜效果	60	
2	刀工技术	10	
3	调味技术	10	
4	烹调方法	10	
5	完成时间（60分钟）	10	
6	总分/分		

[任务考核标准]

项目	前置任务	技能	通用能力	小组互评	教师总评
分值/分	10	70	5	5	10
得分/分					
总分/分					

说明

【前置任务】课前布置的任务，根据完成情况打分。

【技　能】学生的操作标准，根据完成情况打分。

【通用能力】包括出勤（按时到岗，学习准备就绪），衣着，行为规范（自觉遵守纪律，有责任心和荣誉感），学习态度（积极主动，不怕困难，勇于探索），团队分工合作（能融入集体，愿意接受任务并积极完成），实行扣分制，根据情况扣1~3分。

【小组互评】值周小组对各小组完成任务的整体情况进行评价，按照优秀5分、良好4分、合格3分、不合格2分的标准进行打分，计入每个组员的成绩中。

【教师总评】教师对各小组完成任务的整体情况进行评价，按照优秀10分、良好8分、合格6分、不合格4分的标准进行打分，计入每个组员的成绩中。

任务6　酸汤肥牛

[前置任务]

①查阅菜品资料，结合已有烹饪知识，根据给出的烹调方法及原料，变换味型，制作3款创新菜品。

项目	菜品名称	味型	原料	烹调方法
创新菜品1			肥牛	煮
创新菜品2			肥牛	煮
创新菜品3			肥牛	煮

②查阅相关资料，了解煮的烹调方法。

[任务介绍]

酸汤肥牛是以肥牛为主料，以金针菇、青笋等为辅料，借用酸辣味型和煮的烹调方法制作而成的创新菜肴。成品色泽金黄，牛肉细嫩，咸鲜酸辣，是春夏开胃美食。

1）教学目标
①通过本次操作，掌握味型变化的方式。
②掌握酸汤肥牛的制作方法。
③能够根据酸汤肥牛的制作方法，结合味型变化方式，独立制作变化菜品。
2）教学重点
掌握味型变化的方式。
3）教学难点
根据酸汤肥牛的制作方法，结合味型变化方式，独立制作变化菜品。

[任务实施]

1）任务实施地点
烹饪实训中心。
2）理实一体化任务实施时间分配
①检查前置任务：10分钟。
②教师讲解理论：20分钟。
③准备原料：10分钟。
④教师操作示范：30分钟。
⑤学生5～6人组合实训：60分钟。
⑥评价：20分钟。
⑦卫生：10分钟。

[任务资料单]

酸汤肥牛

酸汤肥牛是近年四川热卖的创新名菜，此菜以肥牛为主料，以金针菇、青笋为辅料，取泡野山椒的酸辣味，是一道味型变化创新菜品。

[原料]

①主料：牛肉卷200克。

②调辅料：金针菇100克，青笋100克，老姜10克，小葱30克，大蒜10克，泡野山椒10克，泡野山椒水30克，黄灯笼辣酱20克，香菜10克，精盐2克，味精2克，白糖5克，料酒10克，鲜汤500克，精炼油50克，清水等适量。

[工艺流程]

原料初加工 → 刀工处理 → 熟处理 → 煮制 → 装盘成菜

[操作步骤]

①原料初加工：青笋洗净备用，金针菇洗净备用，老姜、小葱、大蒜等洗净备用。

②刀工处理：青笋切二粗丝，金针菇去根，老姜、大蒜切成粒，小葱切成葱花，泡野山椒切碎备用。

③熟处理：将青笋和一半金针菇焯水后放入碗中垫底备用，用肥牛卷卷剩下的一半金针菇，备用。

④煮制：炒锅置火上，放入适量精炼油，加入姜粒、蒜粒、葱花等炒香，加入泡野山椒碎、黄灯笼辣酱炒制，加入鲜汤，泡野山椒水，烧沸加入精盐、味精、白糖、料酒等，下入牛肉金针菇卷，煮制刚熟捞出，装入碗中，将汤汁掺入碗中即可。

⑤装盘成菜：碗中点缀香菜，装盘成菜。

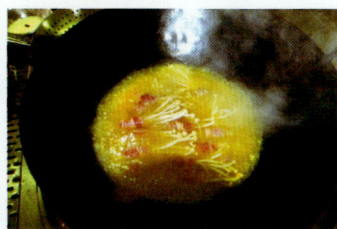

[技术要领]

①肥牛在卷金针菇时可略解冻,方便成形。

②为了呈现酸辣味道,可加入适量白醋增加酸味。

③因为菜品颜色主要是黄灯笼辣酱的金黄色,所以其用量要够。

成/菜/特/点

色泽金黄,
牛肉细嫩,
咸鲜酸辣。

【 肥牛类菜肴图片展示 】

黑椒肥牛丁

茄汁肥牛卷

酸菜肥牛

藤椒肥牛

[技能考核标准]

序号	考核细分项目	标准分数/分	得分/分
1	成菜效果	60	
2	刀工技术	10	
3	调味技术	10	
4	烹调方法	10	
5	完成时间（60 分钟）	10	
6	总分/分		

[任务考核标准]

项目	前置任务	技能	通用能力	小组互评	教师总评
分值/分	10	70	5	5	10
得分/分					
总分/分					

说明

【前置任务】课前布置的任务，根据完成情况打分。

【技　　能】学生的操作标准，根据完成情况打分。

【通用能力】包括出勤（按时到岗，学习准备就绪），衣着，行为规范（自觉遵守纪律，有责任心和荣誉感），学习态度（积极主动，不怕困难，勇于探索），团队分工合作（能融入集体，愿意接受任务并积极完成），实行扣分制，根据情况扣1～3分。

【小组互评】值周小组对各小组完成任务的整体情况进行评价，按照优秀5分、良好4分、合格3分、不合格2分的标准进行打分，计入每个组员的成绩中。

【教师总评】教师对各小组完成任务的整体情况进行评价，按照优秀10分、良好8分、合格6分、不合格4分的标准进行打分，计入每个组员的成绩中。

项目 4

烹调方法创新及实例

任务1 烹调方法变化的方式

[前置任务]

①查阅相关资料，结合已有的烹饪知识，根据给出的味型及原料，变换烹调方法，制作3款创新菜品。

项目	菜品名称	烹调方法	原料	味型
创新菜品1			鸡	麻辣味
创新菜品2			鸡	麻辣味
创新菜品3			鸡	麻辣味

②查阅相关资料，了解创新菜烹调方法的变化方式。

[任务介绍]

"烹调方法变化的方式"主要讲述传统烹调方法与现代烹调方法的结合和应用，学生通过学习烹调方法的变化方式对菜肴创新有一个新的认识，同时明确学习菜肴创新的重要性，为日后菜肴创新菜品的学习做铺垫。

1）教学目标
①通过本次理论知识学习，激发学生学习菜肴创新课程的兴趣。
②掌握菜肴创新中烹调方法的变化方式。
2）教学重点
熟记传统烹调方法和现代烹调方法，并运用。
3）教学难点
通过理论知识的学习，激发学生学习菜肴创新中烹调方法变化方式的兴趣。

[任务实施]

1）任务实施地点
理论教室。
2）理论教学实施时间分配
①检查前置任务：10分钟。
②播放烹调方法变化的创新菜品展示视频：15分钟。
③学生分享生活中遇到的烹调方法变化的创新菜品：15分钟。
④老师讲解菜肴创新中传统烹调方法的结合和现代烹调方法的运用：30分钟。
⑤学生提问、老师答疑解惑：10分钟。

[任务资料单]

烹调，是通过加热和调制，将加工、切配好的烹饪原料熟制成菜肴的过程。烹调包含两个主要内容：一个是烹，另一个是调。烹就是加热，通过加热的方法将烹饪原料制成菜肴；调就是调味，通过调制，使菜肴滋味可口、色泽诱人、形态美观。

烹调方法变化的方式主要有传统烹调方法的结合和现代烹调方法的运用。

1）传统烹调方法的结合

（1）改换烹调方法

在原料、味型相同的情况下，只要将烹调方法加以变换，就能使菜品得到改变，这是菜肴变化和创新的重要途径之一。如在烹调过程中，炒的菜肴可以用爆、煸的方法加工成新的菜肴，煮、炖的菜品可以用汽蒸的方法加工成为新的菜肴。中国菜系众多，烹调方法各异，菜肴的风味、质感各有特色。菜系间烹调方法的相互借鉴、外国烹饪方法的结合运用，是创新菜品的最佳路径。

（2）多种烹调方法的结合

在现代餐饮行业中，多种烹调方法的结合，可改变菜品原有质地和味型，是创新菜品的方法之一。过去，我们的思维模式常常把原料范围固定在未成菜之前的原料或半成品食物中，未能进一步认识。其实菜品何尝不是一种烹饪原料，在实际生活及工作中，将菜品再次进行烹调，使其成为一类新的菜肴早已存在，如回锅粉蒸肉、水煮咸烧白等。

（3）发掘古烹调方法

中国饮食文化源远流长，随着时代的发展，众多古烹调方法或已失传或流传甚少。要进行烹调方法变化的菜品创新，就有必要发掘饮食文化中古烹调方法的精华，并结合现代烹调技术进行菜品创新。目前，古烹调方法中的火燎、石烹、罐煮等方法已结合现代餐具及加热方法走上人们的餐桌。石烹基围虾、燃酒烤羊肉串在时下给人一种新颖的感觉。

（4）综合创新烹饪技法

基于传统的烹饪技法，打破中、西烹饪技法泾渭分明的固定格局，对它们进行改良组合，或模仿，或借鉴，或综合，或逆创，以推出采用新烹饪方法制作的新菜品，如用油酥面配合菜肴制成酥盒虾仁、酥皮海鲜等。

2）现代烹调方法的运用

随着社会经济的发展，现代烹调方法是在传统烹调方法的基础上整合了化学、物理、生物等众多科学知识以推出采用新烹饪方法制作的新菜品，新菜品在色、香、味、形等方面给人耳目一新的感觉，下面为大家介绍几种前沿的现代烹调方法。

（1）分子料理

分子料理又名分子美食学，是将所有烹饪技术和结果用科学的方法解释，并用数字精确控制的一项烹饪艺术。分子料理的出现，是人类从微观角度真正认识食物的重要标志。它将烹饪这一数千年的重复劳作，用物理、化学、生物等现代科学理论来打破和重建。

分子料理主要研究在烹调过程中温度升降与食物烹调时间长短的关系。在充分认识这一关系的基础上，在不同温度时加入不同物质，令食物产生各种物理与化学变化，再在充分掌握之后加以解构、重组及运用，制作出颠覆传统厨艺与食物外观的新菜品。常用分子料理方法有以下4种。

①低温烹饪。（附低温慢煮时间表）

低温慢煮时间表

食材	温度/ ℃	时间/分钟
龙虾	58	15
金枪鱼	58	13
三文鱼	58	10
牛上腰	59.5	45
鸡蛋	72	15
五花肉	82	720
西冷	59	45
羊排	60.5	34
鹅肝	68	26
鸭胸	60.5	35
鸡腿	64	60
小牛牛排	61	30
鹌鹑	62	60
猪里脊	71	80
兔子	74	600

低温烹饪是将原料腌制后，放入真空机抽成真空，并放入恒温水浴锅中进行恒温加热，利用不同温度和加热时间制熟不同食材并最大限度保持水分和营养物质的烹调方法。

低温烹饪在西餐牛排制作及三文鱼制作过程中应用广泛。其中，真空机和恒温水浴锅是低温烹调的必备机器。

②泡沫技术。

泡沫技术是将奶油或卵磷脂通过搅拌器或专用起泡器搅打，产生细密或较大气孔的泡沫，用于菜品装饰、调味、食用的技术。

泡沫可以分成两类：一类是绵密细腻的，用奶油起泡器打出的泡沫；另一类是用卵磷脂搅打产生的较大的泡沫。对于菜品来说，快速提升其格调和口感的方法首选泡沫技术。

③液氮技术。

液氮技术是利用液氮的低温特性（液氮的温度非常低，可以达到－196 ℃）冷冻烹饪食材，改变食材质地和形状的技术。

液氮技术可以将烹饪原料冻成固体，之后粉碎为粉末。由于冷冻食材的温度极低，食材中的水并不会凝结成大颗粒的冰晶，而是形成一种细小的类似玻璃体的固体。这种状态下的固体，吃起来不会混杂冰晶的口感。急速冷冻至低温的固体特别适合制成粉末，因为温度很低，不用担心粉碎时固体融化而变成糊状物。

同时，在菜品中加入液氮，可以制造一种云雾缭绕的感觉，也是提升菜肴意境的重要方法。

④胶囊技术。

胶囊技术是利用海藻酸钠和氯化钙两种物质的化学特性，将食材的形状、颜色加以改变，创造出新菜品的技术。

胶囊技术这种新的烹饪方式是伴随着食品科学的发展产生的，而新式烹饪的主旨更像是利用尽可能精密的方式进行烹饪以获得传统烹饪所不具备的口感、味道和形状。

利用胶囊技术，食材原有结构被完全破坏，以另外一种形态存在，具有代表性的菜品是哈密瓜味鱼子酱和蛋黄杞果。

（2）微波烹调方法

微波烹调是指将经刀工处理和腌制入味的烹饪原料放入微波炉中，根据烹饪原料特点和成菜要求，在不同火力和不同加热时间下制作菜品的新型烹调方法。

微波炉是一种用微波加热食品的现代化烹饪工具，因为烹饪时间短，所以食物中的营养成分大都能保留下来，符合现代人的饮食健康需要。其中微波炉鸡翅、微波炉纸包鱼是微波烹调的代表菜品。

（3）太阳能技术的运用

太阳能技术是利用太阳能灶把太阳能收集起来，用于烹调加热的一种新方法。

随着时代的进步，先进的科技逐渐进入人们的生活，在当今能源日益紧缺的情况下太阳能环保设备越来越受到人们的青睐，其中太阳能灶便是这类太阳能环保设备的代表。

太阳能灶的关键部件是聚光镜。最普通的聚光镜为镀银或镀铝玻璃镜，也有铝抛光镜和涤纶薄膜镀铝镜等。

芬兰烹调大师安托·梅拉斯涅米在首都赫尔辛基开办独特的太阳能露天餐厅，用10多个轻便的太阳能灶制作美味佳肴。这个欧洲第一家太阳能露天餐厅以别出心裁的设计将美食与生态结合，提供既环保又节能的美味食品，众多顾客慕名而来。

[理论考核标准]

序号	考核细分项目	标准分数/分	得分/分
1	传统烹调方法的结合	45	
2	现代烹调方法的运用	45	
3	完成时间	10	
4	总分/分		

[任务考核标准]

项目	前置任务	理论	通用能力	小组互评	教师总评
分值/分	10	70	5	5	10
得分/分					
总分/分					

说
明

【前置任务】课前布置的任务，根据完成情况打分。

【理　　论】任务涉及的理论知识，根据学习情况打分。

【通用能力】包括出勤（按时到岗，学习准备就绪），衣着，行为规范（自觉遵守纪律，有责任心和荣誉感），学习态度（积极主动，不怕困难，勇于探索），团队分工合作（能融入集体，愿意接受任务并积极完成），实行扣分制，根据情况扣1～3分。

【小组互评】值周小组对各小组完成任务的整体情况进行评价，按照优秀5分、良好4分、合格3分、不合格2分的标准进行打分，计入每个组员的成绩中。

【教师总评】教师对各小组完成任务的整体情况进行评价，按照优秀10分、良好8分、合格6分、不合格4分的标准进行打分，计入每个组员的成绩中。

任务2　石锅牛腩

[前置任务]

①查阅菜品资料，结合已有的烹饪知识，根据给出的味型及原料，变换烹调方法，制作3款创新菜品。

项目	菜品名称	烹调方法	原料	味型
创新菜品1			牛腩	茄汁味
创新菜品2			牛腩	茄汁味
创新菜品3			牛腩	茄汁味

②查阅相关资料，了解茄汁味的味型。

[任务介绍]

石锅牛腩是以牛腩为主料，以番茄为辅料，借用茄汁味型和烧的烹调方法制作而成的创新热菜。成品构思新颖，造型美观，牛腩软烂，茄汁味浓，是一道中西结合的创新菜品。

1）教学目标

①通过本次操作，掌握烹调方法变化的方式。

②掌握石锅牛腩的制作方法。

③能够根据石锅牛腩的制作方法，结合烹调方法变化方式，独立制作变化菜品。

2）教学重点

掌握烹调方法变化的方式。

3）教学难点

根据石锅牛腩的制作方法，结合烹调方法变化方式，独立制作变化菜品。

[任务实施]

1）任务实施地点

烹饪实训中心。

2）理实一体化任务实施时间分配

①检查前置任务：10分钟。

②教师讲解理论：20分钟。

③准备原料：10分钟。

④教师操作示范：30分钟。

⑤学生5～6人组合实训：60分钟。

⑥评价：20分钟。

⑦卫生：10分钟。

[任务资料单]

石 锅 牛 腩

　　牛腩也称牛肋条，因脂肪和结缔组织含量较重，一般使用长时间烹调的方法制作。石锅厚重，保温效果较好，将烧制好的牛腩用石锅再次烹制，上桌热气腾腾，香气四溢。

[原料]

①主料：牛腩300克。

②调辅料：土豆150克，二荆条青辣椒50克，二荆条红辣椒50克，小米辣15克，洋葱30克，大蒜15克，番茄酱30克，精盐4克，味精2克，料酒10克，鲜汤600克，精炼油100克，黄油、清水等适量。

[工艺流程]

原料初加工 → 刀工处理 → 熟处理 → 烧制 → 装盘成菜

[操作步骤]

① 原料初加工：将牛腩洗净，土豆削皮，二荆条青辣椒、二荆条红辣椒、小米辣去蒂洗净，洋葱、大蒜去蒂去皮洗净。

② 刀工处理：将牛腩切成2厘米见方的大丁，二荆条青辣椒和二荆条红辣椒对剖，切成3厘米左右的段，小米辣切丁，洋葱、大蒜切粒，土豆切块，备用。

③ 熟处理：牛腩焯水，去血污备用。

④ 烧制：炒锅置中火上，放入精炼油及适量黄油，烧至四成热时，下入洋葱粒、大蒜粒等略炒，然后下入牛腩煸炒，加入番茄酱炒香出色，接着下料酒略炒，加入汤汁调味烧制1小时，待牛肉软烂时加入土豆块烧至成熟，再次调味，加入二荆条青辣椒段、二荆条红辣椒段和小米辣丁，收汁至浓稠。

⑤ 装盘成菜：石锅放于煲仔炉上烧热，将烧好的牛腩装入石锅成菜。

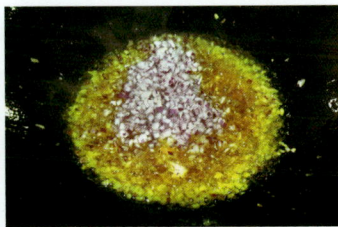

成/菜/特/点

色泽黄亮，
牛肉软糯，
咸鲜微辣，
略带甜酸。

[技术要领]

①焯水时，牛肉要煮透，否则烧制时浮沫较多。

②可加入番茄代替番茄酱，味道更鲜美。

③调味以咸鲜微辣，略带甜酸为佳。

陈皮牛肉

铁板牛仔骨

鲜椒牛肉丁

芋儿烧牛腩

【技能考核标准】

序号	考核细分项目	标准分数/分	得分/分
1	成菜效果	60	
2	刀工技术	10	
3	调味技术	10	
4	烹调火候	10	
5	完成时间（60分钟）	10	
6	总分/分		

【任务考核标准】

项目	前置任务	技能	通用能力	小组互评	教师总评
分值/分	10	70	5	5	10
得分/分					
总分/分					

说
明

【前置任务】课前布置的任务，根据完成情况打分。

【技　能】学生的操作标准，根据完成情况打分。

【通用能力】包括出勤（按时到岗，学习准备就绪），衣着，行为规范（自觉遵守纪律，有责任心和荣誉感），学习态度（积极主动，不怕困难，勇于探索），团队分工合作（能融入集体，愿意接受任务并积极完成），实行扣分制，根据情况扣1～3分。

【小组互评】值周小组对各小组完成任务的整体情况进行评价，按照优秀5分、良好4分、合格3分、不合格2分的标准进行打分，计入每个组员的成绩中。

【教师总评】教师对各小组完成任务的整体情况进行评价，按照优秀10分、良好8分、合格6分、不合格4分的标准进行打分，计入每个组员的成绩中。

任务3 铁板鱿鱼

[前置任务]

①查阅相关资料，结合已有的烹饪知识，根据给出的味型及原料，变换烹调方法，制作3款创新菜品。

项目	菜品名称	烹调方法	原料	味型
创新菜品1			鱿鱼	烧烤味
创新菜品2			鱿鱼	烧烤味
创新菜品3			鱿鱼	烧烤味

②查阅相关资料，了解烧烤味的味型。

[任务介绍]

铁板鱿鱼是以鱿鱼为主料，以辣椒、洋葱等为辅料，借用烧烤味型和炒的烹调方法制作而成的创新菜肴。成品构思新颖，造型美观，鱿鱼脆嫩，麻辣鲜香。

1）教学目标
①通过本次操作，掌握烹调方法变化的方式。
②掌握铁板鱿鱼的制作方法。
③能够根据铁板鱿鱼的制作方法，结合烹调方法变化方式，独立制作变化菜品。

2）教学重点
掌握烹调方法变化的方式。

3）教学难点
根据铁板鱿鱼的制作方法，结合烹调方法变化方式，独立制作变化菜品。

[任务实施]

1）任务实施地点
烹饪实训中心。

2）理实一体化任务实施时间分配
①检查前置任务：10分钟。
②教师讲解理论：20分钟。
③准备原料：10分钟。
④教师操作示范：30分钟。
⑤学生5～6人组合实训：60分钟。
⑥评价：20分钟。
⑦卫生：10分钟。

[任务资料单]

铁板鱿鱼

　　铁板制作菜品源于西餐，也叫"铁板烧"，是一种较为特殊的烹调方法。菜品上桌时汤汁遇到滚烫的铁板，发出"嗞嗞"的响声并伴着白烟，顿时香气四溢，热气腾腾，颇具特色。铁板鱿鱼是西式制法与川式调味的结合。

[原料]

　　①主料：鲜鱿鱼300克。
　　②调辅料：大青椒100克，大红椒100克，洋葱100克，老姜15克，大蒜10克，豆瓣15克，辣椒粉10克，孜然粉5克，精盐3克，味精2克，白糖2克，酱油5克，料酒10克，黄油15克，精炼油1 000克，清水等适量。

[工艺流程]

原料初加工 → 刀工处理 → 熟处理 → 炒制 → 装盘成菜

[操作步骤]

①原料初加工：鲜鱿鱼去内脏、去皮，洗净，大青椒和大红椒去蒂、去籽洗净。

②刀工处理：鱿鱼剞十字花刀，改成三角形块，大青椒和大红椒切成菱形块，洋葱一半切菱形块，另一半切成丝，老姜、大蒜切片，豆瓣剁细。

③熟处理：炒锅置火上，加入精炼油，烧至五成热，下入鱿鱼块，待卷曲成花形成熟捞出备用。

④炒制：炒锅置旺火上，放精炼油烧至四成热，下入豆瓣炒香出色，加入姜片、蒜片、青红椒块、洋葱等略炒，放入鱿鱼块翻炒，烹入料酒、酱油、白糖、孜然粉、辣椒粉等，炒至鱿鱼干香。

⑤装盘成菜：铁板在煲仔炉上烧热，放入洋葱丝和黄油，将炒好的鱿鱼装于铁板上成菜。

[技术要领]

①鱿鱼剞刀深度要达到原料的3/4,翻花效果才好。

②炒制时,不能炒得太干,否则影响成菜口感。

成/菜/特/点

色泽鲜艳,
香辣,
孜然味浓郁。

荔枝鱿鱼卷

藤椒鲜鱿

鲜辣鱿鱼

香辣鱿鱼须

[技能考核标准]

序号	考核细分项目	标准分数/分	得分/分
1	成菜效果	60	
2	刀工技术	10	
3	调味技术	10	
4	烹调火候	10	
5	完成时间（60分钟）	10	
6	总分/分		

[任务考核标准]

项目	前置任务	技能	通用能力	小组互评	教师总评
分值/分	10	70	5	5	10
得分/分					
总分/分					

说明

【前置任务】课前布置的任务，根据完成情况打分。

【技　能】学生的操作标准，根据完成情况打分。

【通用能力】包括出勤（按时到岗，学习准备就绪），衣着，行为规范（自觉遵守纪律，有责任心和荣誉感），学习态度（积极主动，不怕困难，勇于探索），团队分工合作（能融入集体，愿意接受任务并积极完成），实行扣分制，根据情况扣1~3分。

【小组互评】值周小组对各小组完成任务的整体情况进行评价，按照优秀5分、良好4分、合格3分、不合格2分的标准进行打分，计入每个组员的成绩中。

【教师总评】教师对各小组完成任务的整体情况进行评价，按照优秀10分、良好8分、合格6分、不合格4分的标准进行打分，计入每个组员的成绩中。

任务4　木桶鱼

[前置任务]

①查阅菜品资料，结合已有的烹饪知识，根据给出的味型及原料，变换烹调方法，制作3款创新菜品。

项目	菜品名称	烹调方法	原料	味型
创新菜品1			草鱼	酸辣味
创新菜品2			草鱼	酸辣味
创新菜品3			草鱼	酸辣味

②查阅相关资料，了解酸辣味的味型。

[任务介绍]

木桶鱼是以草鱼为主料，以应季时蔬为辅料，借用酸辣味型和煮的烹调方法制作而成的创新菜肴。成品构思新颖，造型美观，草鱼细嫩，酸辣鲜香。

1）教学目标

①通过本次操作，掌握烹调方法变化的方式。

②掌握木桶鱼的制作方法。

③能够根据木桶鱼的制作方法，结合烹调方法变化方式，独立制作变化菜品。

2）教学重点

掌握烹调方法变化的方式。

3）教学难点

根据木桶鱼的制作方法，结合烹调方法变化方式，独立制作变化菜品。

[任务实施]

1）任务实施地点

烹饪实训中心。

2）理实一体化任务实施时间分配

①检查前置任务：10分钟。

②教师讲解理论：20分钟。

③准备原料：10分钟。

④教师操作示范：30分钟。

⑤学生5～6人组合实训：60分钟。

⑥评价：20分钟。

⑦卫生：10分钟。

[任务资料单]

木桶鱼

木桶鱼做法很多，本书采用的做法是：选用大木桶，放入高温烘焙（或油炸）的鹅卵石，放上码味上浆后的鱼肉，倒入调制的汤料，加盖焖两分钟即可。菜品成菜时香气四溢，口味或辣或清淡，可根据顾客喜好调整。

[原料]

①主料：草鱼700克。

②调辅料：泡酸菜150克，青笋200克，火腿肠150克，老姜20克，小葱30克，大蒜20克，精盐6克，味精3克，白醋15克，料酒10克，野山椒30克，水淀粉30克，精炼油150克，清水等适量。

[工艺流程]

原料初加工 → 刀工处理 → 汤料制作 → 烹制成菜

[操作步骤]

①原料初加工：草鱼宰杀，去净鱼鳞、鱼鳃及内脏，洗净，青笋去皮洗净，备用。

②刀工处理：将鱼头对剖，鱼骨斩成段，鱼肉片成鱼片并码味上浆，泡酸菜切成片，青笋、火腿肠切成骨牌片，老姜、大蒜切成粒，小葱切成葱花，野山椒剁细。

③汤料制作：先将鱼骨、鱼头用油炸至发白捞出，锅内留油，放入泡酸菜炒香，放入姜粒、蒜粒和剁细的野山椒等炒出味，加入汤汁，放鱼骨、鱼头熬制15分钟，待汤色发白时调味，盛于汤碗中。

④烹制成菜：将卵石放于七成热的精炼油中炸制滚烫，捞出放于木桶中，将码好味的鱼片分散放于卵石上。将预制好的汤料淋于木桶中焖两分钟，成菜。

[技术要领]

①鱼片码芡要薄，以防浑汤和粘连。

②鱼骨汤要大火熬白。

③卵石要高油温炸制，保证上桌沸腾。

④可加入小米辣、二荆条青辣椒和二荆条红辣椒调制辣味。

成/菜/特/点

汤色白净，
鱼肉细嫩，
咸鲜微辣。

干烧鲤鱼

藿香银鳕鱼

三峡烤鱼

藤椒鳝片

[技能考核标准]

序号	考核细分项目	标准分数/分	得分/分
1	成菜效果	60	
2	刀工技术	10	
3	调味技术	10	
4	烹调火候	10	
5	完成时间（60分钟）	10	
6	总分/分		

[任务考核标准]

项目	前置任务	技能	通用能力	小组互评	教师总评
分值/分	10	70	5	5	10
得分/分					
总分/分					

说明

【前置任务】课前布置的任务，根据完成情况打分。

【技　　能】学生的操作标准，根据完成情况打分。

【通用能力】包括出勤（按时到岗，学习准备就绪），衣着，行为规范（自觉遵守纪律，有责任心和荣誉感），学习态度（积极主动，不怕困难，勇于探索），团队分工合作（能融入集体，愿意接受任务并积极完成），实行扣分制，根据情况扣1~3分。

【小组互评】值周小组对各小组完成任务的整体情况进行评价，按照优秀5分、良好4分、合格3分、不合格2分的标准进行打分，计入每个组员的成绩中。

【教师总评】教师对各小组完成任务的整体情况进行评价，按照优秀10分、良好8分、合格6分、不合格4分的标准进行打分，计入每个组员的成绩中。

任务5　香烤羊排

[前置任务]

①查阅菜品资料，结合已有的烹饪知识，根据给出的味型及原料，变换烹调方法，制作3款创新菜品。

项目	菜品名称	烹调方法	原料	味型
创新菜品1			羊排	香辣味
创新菜品2			羊排	香辣味
创新菜品3			羊排	香辣味

②查阅相关资料，了解香辣味型。

[任务介绍]

香烤羊排是以羊排为主料，借用香辣味型和炒的烹调方法制作而成的创新菜肴。成品构思新颖，造型美观，干香滋润，香辣味浓。

1）教学目标

①通过本次操作，掌握烹调方法变化的方式。

②掌握香烤羊排的制作方法。

③能够根据香烤羊排的制作方法，结合烹调方法变化方式，独立制作变化菜品。

2）教学重点

掌握烹调方法变化的方式。

3）教学难点

根据香烤羊排的制作方法，结合烹调方法变化方式，独立制作变化菜品。

[任务实施]

1）任务实施地点

烹饪实训中心。

2）理实一体化任务实施时间分配

①检查前置任务：10分钟。

②教师讲解理论：20分钟。

③准备原料：10分钟。

④教师操作示范：30分钟。

⑤学生5～6人组合实训：60分钟。

⑥评价：20分钟。

⑦卫生：10分钟。

[任务资料单]

香烤羊排

羊排是西餐常用的原料，一般采用烤箱制作，该菜品采用中式做法，先用白卤水卤制，使其更加入味，然后用油炸制，使其表皮干香，具有烤制菜品的口感；味型采用中式菜肴的烧烤味，别具风味，是一道烹调方法创新菜品。

[原料]

①主料：羊排300克。

②调辅料：老姜10克，小葱30克，大蒜10克，洋葱20克，二荆条青辣椒20克，二荆条红辣椒20克，精盐3克，味精2克，白糖2克，料酒10克，辣椒粉10克，花椒粉3克，孜然粉3克，香油3克，精炼油1 000克（约耗75克），清水等适量。

[工艺流程]

原料初加工 → 熟处理 → 刀工处理 → 炸制 → 炒制 → 装盘成菜

[操作步骤]

①原料初加工：将二荆条青辣椒、二荆条红辣椒、洋葱、老姜、小葱、大蒜等洗净备用。

②熟处理：羊排放于白卤水卤制30分钟捞出备用。

③刀工处理：将羊排改小，二荆条青辣椒、二荆条红辣椒去籽切成粒，洋葱切成粒，老姜、大蒜切成粒，小葱切葱花。

④炸制：将刀工处理后的羊排拍粉，锅内放油烧至六成热，下拍粉的羊排炸至表皮棕红，捞出备用。

⑤炒制：炒锅置中火上，放精炼油烧至五成热，下姜、蒜炒香，放入二荆条青辣椒粒、二荆条红辣椒粒、洋葱等略炒，放入炸好的羊排，烹入料酒煸炒，调味，撒上葱花。

⑥装盘成菜：起锅装盘成菜。

[技术要领]

①选用带脊骨部分的上肋排，形状整齐美观，肉厚。

②卤制时间根据具体情况而定。

成/菜/特/点

羊排干香滋润，烧烤味浓。

【烤制类菜肴图片展示】

过桥排骨

香烤银鳕鱼

香烤猪蹄

香烤大虾

[技能考核标准]

序号	考核细分项目	标准分数/分	得分/分
1	成菜效果	60	
2	刀工技术	10	
3	调味技术	10	
4	烹调火候	10	
5	完成时间（60分钟）	10	
6	总分/分		

[任务考核标准]

项目	前置任务	技能	通用能力	小组互评	教师总评
分值/分	10	70	5	5	10
得分/分					
总分/分					

说明

【前置任务】课前布置的任务，根据完成情况打分。

【技　　能】学生的操作标准，根据完成情况打分。

【通用能力】包括出勤（按时到岗，学习准备就绪），衣着，行为规范（自觉遵守纪律，有责任心和荣誉感），学习态度（积极主动，不怕困难，勇于探索），团队分工合作（能融入集体，愿意接受任务并积极完成），实行扣分制，根据情况扣1～3分。

【小组互评】值周小组对各小组完成任务的整体情况进行评价，按照优秀5分、良好4分、合格3分、不合格2分的标准进行打分，计入每个组员的成绩中。

【教师总评】教师对各小组完成任务的整体情况进行评价，按照优秀10分、良好8分、合格6分、不合格4分的标准进行打分，计入每个组员的成绩中。

任务6 低温三文鱼

[前置任务]

①查阅资料，结合已学烹饪知识，根据给出的味型及原料，变换烹调方法，创新3款菜品。

项目	菜品名称	烹调方法	原料	味型
创新菜品1			三文鱼	麻辣味
创新菜品2			三文鱼	麻辣味
创新菜品3			三文鱼	麻辣味

②查阅相关资料，了解麻辣味味型。

[任务介绍]

低温三文鱼是以三文鱼为主料，运用低温烹调方法制作而成的创新菜肴。成品构思新颖，造型美观，三文鱼极鲜嫩，营养丰富，麻辣味浓。

1）教学目标

①通过本次操作，掌握烹调方法变化的方式。

②掌握低温三文鱼的制作方法。

③能够根据低温三文鱼的制作方法，结合烹调方法变化方式，独立制作变化菜品。

2）教学重点

掌握烹调方法变化的方式。

3）教学难点

根据低温三文鱼的制作方法，结合烹调方法变化方式，独立制作变化菜品。

[任务实施]

1）任务实施地点

烹饪实训中心。

2）理实一体化任务实施时间分配

①检查前置任务：10分钟。

②教师讲解理论：20分钟。

③准备原料：10分钟。

④教师操作示范：30分钟。

⑤学生5~6人组合实训：60分钟。

⑥评价：20分钟。

⑦卫生：10分钟。

[任务资料单]

低温三文鱼

低温三文鱼是运用分子料理技术，结合川菜的味型形成的菜品。这道菜运用了分子料理技术中的低温慢煮技术。

 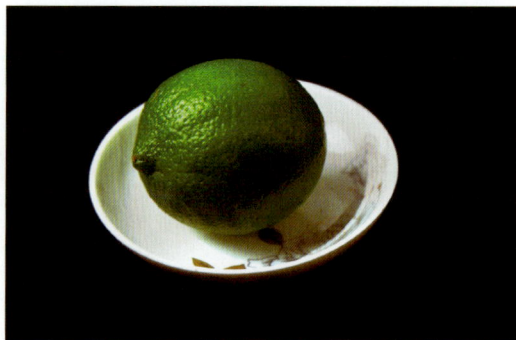

[原料]

①主料：三文鱼250克。

②调辅料：盐3克，黑胡椒3克，麻辣川香汁10克，橄榄油20克，鲜柠檬2个，清水等适量。

[工艺流程]

刀工处理 → 腌制 → 低温慢煮 → 煎、打泡沫 → 装盘成菜

[操作步骤]

①刀工处理：将三文鱼去皮，修成10厘米长、8厘米宽的块备用。

②腌制：用盐、黑胡椒、柠檬片和柠檬汁腌制10分钟备用。

③低温慢煮：将腌制好的三文鱼放入真空袋中用真空机抽去空气后，放入恒温锅中用58 ℃的水煮10分钟即可。

④煎、打泡沫：锅内放少许橄榄油，烧至四成热时，放入煮好的三文鱼，煎至单面金黄即可。用鲜柠檬挤成汁加入卵磷脂，用高速搅拌器搅打起泡沫，备用。

⑤装盘成菜：用麻辣川香汁装盘成菜。

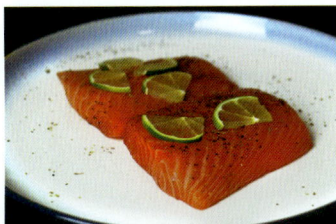

成/菜/特/点

色泽红亮，
鱼肉细嫩，
成菜美观。

[技术要领]

①选用新鲜的三文鱼。
②控制好温度和时间。
③煎制时间不宜过长。

【三文鱼类菜肴展示图片】

干酪配三文鱼

宫保三文鱼

三文鱼刺身

三文鱼卷

[技能考核标准]

序号	考核细分项目	标准分数/分	得分/分
1	成菜效果	60	
2	刀工技术	10	
3	调味技术	10	
4	烹调火候	10	
5	完成时间（60分钟）	10	
6	总分/分		

[任务考核标准]

项目	前置任务	技能	通用能力	小组互评	教师总评
分值/分	10	70	5	5	10
得分/分					
总分/分					

说
明

【前置任务】课前布置的任务，根据完成情况打分。

【技　　能】学生的操作标准，根据完成情况打分。

【通用能力】包括出勤（按时到岗，学习准备就绪），衣着，行为规范（自觉遵守纪律，有责任心和荣誉感），学习态度（积极主动，不怕困难，勇于探索），团队分工合作（能融入集体，愿意接受任务并积极完成），实行扣分制，根据情况扣1～3分。

【小组互评】值周小组对各小组完成任务的整体情况进行评价，按照优秀5分、良好4分、合格3分、不合格2分的标准进行打分，计入每个组员的成绩中。

【教师总评】教师对各小组完成任务的整体情况进行评价，按照优秀10分、良好8分、合格6分、不合格4分的标准进行打分，计入每个组员的成绩中。

项目 5

视觉冲击创新及实例

任务1 现代菜品呈现的方式

[前置任务]

①查阅资料，结合已有的烹饪知识及生活实践，在生活中寻找3款具有视觉冲击的创新菜品。

项目	菜品名称	烹调方法	原料	味型	餐具	餐饮氛围
创新菜品1						
创新菜品2						
创新菜品3						

②查阅相关资料，了解现代菜品呈现的方式。

[任务介绍]

"现代菜品呈现的方式"主要为学生讲述异形餐具的运用及菜肴的呈现方式，学生通过学习，深入认识菜肴创新，明确学习菜肴创新的重要性。

1）教学目标
①通过本次理论知识学习，激发学生学习菜肴创新课程的兴趣。
②掌握菜肴创新的现代菜品呈现的方式。
2）教学重点
识记菜肴创新的现代菜品呈现的方式。
3）教学难点
通过理论知识的讲解，激发学生学习菜肴创新课程的兴趣。

[任务实施]

1）任务实施地点
理论教室。
2）理论教学实施时间分配
①检查前置任务：10分钟。
②播放相关创新菜品展示视频：15分钟。
③学生讲述生活中遇到的相关创新菜品：15分钟。
④老师讲解菜肴创新的现代菜品呈现方式：30分钟。
⑤学生提问、老师答疑解惑：10分钟。

[任务资料单]

1）异形餐具的运用
餐具是用于分发或摄取食物的器具。餐具包括成套的金属餐具、陶瓷餐具、玻璃餐具、茶具酒器等。

异形餐具主要指在大小、色泽、功能等方面区别于传统餐具的器皿和用具。而异形餐具的运用要综合考虑以下几个方面。

（1）异形餐具大小的选择

异形餐具大的可在50厘米（约20英寸）以上，冷餐会用的镜面盆甚至超过了80厘米。异形餐具小的只有5厘米左右（约2英寸），如调味碟等。餐具大，盛装的食品也多，可表现的内容也较多。餐具小，盛装的食品也少，可表现的内容就有限。因此，餐具大小的选择是根据菜品的题材要求、原料的大小和食用的人数来决定的。

表现一个题材较大、内容较丰富的菜品，就要选用40厘米（约16英寸）以上的餐具，如以山水风景为造型的花色冷盘"国色天香"和工艺热菜"芙蓉虾片"。盛装大型原料，如整只的烤鸭、烤乳猪、烤全羊、澳洲龙虾必须选用足够大的餐具。在举办大中型冷餐会时，由于客人较多，又是同时取食，为了保证食物的供应，就必须选用大型的餐具。

如果要表现厨师精湛的刀工技艺，可选用较小的餐具。如烹饪展台上的蝴蝶花色小冷碟，餐具只有10厘米大小，但里面用多种冷菜原料制成的蝴蝶栩栩如生，这充分展现了厨师高超的刀工技术与精巧的艺术构思。此外，就餐人数少，食用的原料量也就少了，自然餐具就选用小型的了。

（2）异形餐具造型的选择

①异形餐具的造型可分为几何形和象形两大类。

几何形餐具一般为圆形和椭圆形，是餐饮企业常用盛器。另外正方形、长方形、扇形也是近年来使用较多的餐具。

象形餐具可分为动物造型的、植物造型的、器物造型的和人物造型的。

动物造型的有鱼、虾等水生动物造型，也有鸡、鸭等禽类动物造型，还有龙、凤等吉祥神兽造型。植物造型的有树叶、水果和花卉等造型。器物造型的有扇子、篮子、建筑物等造型。人物造型的有福建名菜佛跳墙使用的紫砂盛器，在盛器的盖子上塑了一个和尚的头像，还有民间传说中的八仙的造型，如宜兴的紫砂八仙盅等。

②异形餐具造型的主要功能是点明宴席与菜点主题，引起食用者的联想，从而增进食欲，达到渲染宴席气氛的目的。

首先在选择餐具造型时，应根据菜点与宴席主题的要求来确定。如将蟹粉豆腐盛放在蟹形盛器中，将虾胶制成的菜肴盛放在虾形餐具中。再如，在寿宴中用桃形餐具盛装菜品，点出宴席主题"寿"，渲染宴席的贺寿气氛。

其次是异形餐具本身的各种造型能起到美化菜点的作用。如将三文鱼刺身放在船形餐具中，将象形点心放在篮子造型的餐具中。

最后，异形餐具还能起到分割和集中菜品的作用。如想让一道菜肴带给客人多种口味体验，则可选用多格的调味碟。为了节省空间，可选用组合型的餐具，这样使分散摆放的冷碟集中起来，既实用又美观。

总之，菜点餐具造型的选择是要根据菜点本身的原料特征、烹饪方法及菜点与宴席的主题等来决定的。

（3）异形餐具材质的选择

异形餐具的材质种类繁多：有华贵亮丽的金银，古朴沉稳的铜铁，锃亮照人的不锈钢，制作精细的锡铝合金等；有散发着乡土气息的竹木藤；有粗拙豪放的石头和粗陶；有精雕细琢的玉器；有精美的瓷器和古雅的漆器；有晶莹剔透的玻璃和水晶；还有塑料、搪瓷、纸等。

各种材质的异形餐具都具有一定的象征意义。金器银器象征荣华与富贵，瓷器象征高雅与华丽，紫砂漆器象征古典与传统，玻璃水晶象征浪漫与温馨，铁器粗陶象征粗犷与豪放，竹木石器象征乡野与古朴，纸与塑料象征实惠与方便，搪瓷不锈钢象征清洁与卫生，等等。

此外，餐具材质的选择还要结合市场定位与经济实力来考虑。如定位于高层次，则可选择金器银器或高档瓷器为餐具；如定位于中低层次，则可选择普通的陶瓷器为餐具。如定位于特色风味，则要根据经营内容来选择与之相配的特色餐具，经营烧烤风味，则可选用铸铁与石头为餐具；经营傣家风味食品，则可选用以竹子为主的盛器，等等。

总之，在选择异形餐具的材质时，必须结合宴席的主题与背景，如此才能取得良好的效果。但无论选择哪种材质的餐具，都必须符合食品卫生安全的标准与要求。

（4）异形餐具其他方面的选择

①异形餐具颜色与花纹的选择。

异形餐具的颜色对菜肴有一定的影响。一道绿色蔬菜盛放在白色餐具中，给人一种清新鲜嫩的感觉；一道金黄色的软炸鱼排或雪白的珍珠鱼米（搭配枸杞），如放在黑色的餐具中，在强烈的色彩对比下，使人感觉到鱼排更色香诱人，鱼米则更晶莹剔透，食欲也随之提高。有一些盛器饰有各色花边与底纹，如运用得当也能起到烘托菜肴的作用。

②异形餐具功能的选择。

异形餐具功能的选择主要根据宴会与菜肴的要求决定。在大型宴会中为了保证热菜的质量，常选择具有保温功能的盛器。有的菜品需要低温保鲜，则需选择具有冷却功能的餐具以保证菜肴品质。在冬季为了增强客人的食欲，选择便利安全的能边煮边吃的餐具等。

综上，在制作一道菜肴或一席酒宴时，除了要在菜肴本身的制作上下功夫外，还要在餐具的选择上花心思，要根据菜肴和宴席的主题及举办者与参加者的身份等，对异形餐具的大小、造型、材质、颜色、功能等作精心的选择，使菜肴的色、香、味、形、器、意充分地展现出来。

2）菜肴的呈现方式

为了让菜肴具有较好的视觉冲击效果，在菜肴的呈现方式上，除传统的雕刻装饰、糖艺装饰、果酱花装饰外，干冰装饰也有较好的展示效果。上菜方式的求新求异，客观上增强了视觉冲击，丰富了饮食体验。

[理论考核标准]

序号	考核细分项目	标准分数	得分/分
1	异形餐具的选择	30	
2	餐饮氛围的烘托	30	
3	菜肴的呈现方式	30	
4	完成时间	10	
5	总分/分		

[任务考核标准]

项目	前置任务	理论	通用能力	小组互评	教师总评
分值/分	10	70	5	5	10
得分/分					
总分/分					

说
明

【前置任务】课前布置的任务，根据完成情况打分。

【理　　论】本任务涉及的理论知识，根据学习情况打分。

【通用能力】包括出勤（按时到岗，学习准备就绪），衣着，行为规范（自觉遵守纪律，有责任心和荣誉感），
学习态度（积极主动，不怕困难，勇于探索），团队分工合作（能融入集体，愿意接受任务并积极
完成），实行扣分制，根据情况扣1～3分。

【小组互评】值周小组对各小组完成任务的整体情况进行评价，按照优秀5分、良好4分、合格3分、不合格2分的
标准进行打分，计入每个组员的成绩中。

【教师总评】教师对各小组完成任务的整体情况进行评价，按照优秀10分、良好8分、合格6分、不合格4分的标
准进行打分，计入每个组员的成绩中。

任务2　大麻圆

[前置任务]

①查阅菜品资料，结合已有的烹饪知识及生活实践，给创新菜品大麻圆选择合适的餐具并设计装盘。

项目	菜品名称	餐具	装盘
呈现方式1	大麻圆		
呈现方式2	大麻圆		
呈现方式3	大麻圆		

②查阅相关资料，收集大麻圆装盘装饰图片。

[任务介绍]

大麻圆是以糯米为主料、芝麻为辅料，运用白糖调味，采用炸制的烹调方法制作而成的创新菜肴。成品构思新颖，造型美观，表皮香脆，甜糯可口。

1）教学目标

①通过本次操作，掌握通过视觉冲击创新菜品的方式。

②掌握大麻圆的制作方法。

③能够根据大麻圆的制作方法，结合通过视觉冲击创新菜品的方式，独立制作变化菜品。

2）教学重点

掌握通过视觉冲击创新菜品的方式。

3）教学难点

根据大麻圆的制作方法，结合通过视觉冲击创新菜品变化方式，独立制作变化菜品。

[任务实施]

1）任务实施地点

烹饪实训中心。

2）理实一体化任务实施时间分配

①检查前置任务：10分钟。

②教师讲解理论：20分钟。

③准备原料：10分钟。

④教师操作示范：30分钟。

⑤学生5～6人组合实训：60分钟。

⑥评价：20分钟。

⑦卫生：10分钟。

[任务资料单]

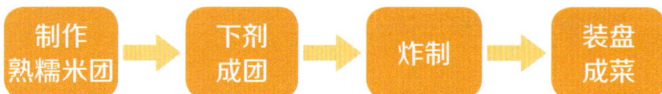

运用麻圆传统的制作方法，调整配方，制作出突破传统、具有视觉冲击效果的大麻圆。大麻圆在口感上比传统麻圆更香脆，是深受食客喜爱的一道创新面点。

[原料]

①主料：糯米粉500克。
②调辅料：白糖190克，小苏打3克，泡打粉15克，白芝麻100克。

[工艺流程]

制作熟糯米团 ➡ 下剂成团 ➡ 炸制 ➡ 装盘成菜

[操作步骤]

①制作熟糯米团：将350克糯米粉用300克水调制成团，搓成80克1个的小球，压成1

厘米厚的圆片，放入开水中煮制10分钟起锅，沥干水分放入搅拌缸内搅打，在搅拌缸内加入150克糯米粉、3克小苏打、15克泡打粉、190克白糖，用快速挡搅打8分钟后放入冷水中直到冷透，备用。

②下剂成团：待面团冷却，不沾手，撒少许干糯米粉在案板上揉搓均匀、细腻后，分成300克重的剂子，手上沾水反复搓剂子，直到沾手时滚沾上白芝麻备用。

③炸制：把做好的剂子用微波炉加热40秒，放入漏勺中，在190 ℃的油中炸制4～5分钟，使其呈金黄色圆形。

④装盘成菜：起锅装盘成菜。

【视觉冲击菜肴图片】

东坡肉

果香山药

水果锅巴

孜然牛柳

[技能考核标准]

序号	考核细分项目	标准分数/分	得分/分
1	成菜效果	60	
2	调味技术	10	
3	烹调火候	20	
4	完成时间（60分钟）	10	
5	总分/分		

[任务考核标准]

项目	前置任务	技能	通用能力	小组互评	教师总评
分值/分	10	70	5	5	10
得分/分					
总分/分					

说明

【前置任务】课前布置的任务，根据完成情况打分。

【技　　能】学生的操作标准，根据完成情况打分。

【通用能力】包括出勤（按时到岗，学习准备就绪），衣着，行为规范（自觉遵守纪律，有责任心和荣誉感），学习态度（积极主动，不怕困难，勇于探索），团队分工合作（能融入集体，愿意接受任务并积极完成），实行扣分制，根据情况扣1~3分。

【小组互评】值周小组对各小组完成任务的整体情况进行评价，按照优秀5分、良好4分、合格3分、不合格2分的标准进行打分，计入每个组员的成绩中。

【教师总评】教师对各小组完成任务的整体情况进行评价，按照优秀10分、良好8分、合格6分、不合格4分的标准进行打分，计入每个组员的成绩中。

任务3 宝塔肉

[前置任务]

①查阅菜品资料，结合已有的烹饪知识及生活实践，给创新菜品宝塔肉选择合适的餐具并设计装盘。

项目	菜品名称	餐具	装盘
呈现方式1	宝塔肉		
呈现方式2	宝塔肉		
呈现方式3	宝塔肉		

②查阅相关资料，收集宝塔肉装盘装饰图片。

[任务介绍]

宝塔肉是以五花肉为原料，运用扣肉的制作方法与调味，采用模具定型制作而成的创新菜肴。成品构思新颖，造型美观，肥而不腻。

1）教学目标

①通过本次操作，掌握通过视觉冲击创新菜品的方式。

②掌握宝塔肉的制作方法。

③能够根据宝塔肉的制作方法，结合通过视觉冲击创新菜品的方式，独立制作变化菜品。

2）教学重点

掌握通过视觉冲击创新菜品的方式。

3）教学难点

根据宝塔肉的制作方法，结合通过视觉冲击创新菜品的方式，独立制作变化菜品。

[任务实施]

1）任务实施地点

烹饪实训中心。

2）理实一体化任务实施时间分配

①检查前置任务：10分钟。

②教师讲解理论：20分钟。

③准备原料：10分钟。

④教师操作示范：30分钟。

⑤学生5~6人组合实训：60分钟。

⑥评价：20分钟。

⑦卫生：10分钟。

[任务资料单]

宝塔肉

宝塔肉由"咸烧白"的制作方法演变而来，因形成的菜品类似宝塔而得名。此菜对刀工技术要求较高，具有较好的视觉冲击效果。

[原料]

①主料：五花肉250克。

②调辅料：干辣椒15克，花椒5克，老姜10克，大葱30克，精盐2克，味精2克，白糖15克，酱油5克，料酒10克，糖色20克，鲜汤30克，梅干菜100克，泡辣椒5克，苦菊50克，干辣椒丝20克，精炼油1 000克（约耗75克），清水等适量。

[工艺流程]

原料初加工 → 熟处理 → 刀工处理 → 炒制 → 成形蒸制 → 装盘成菜

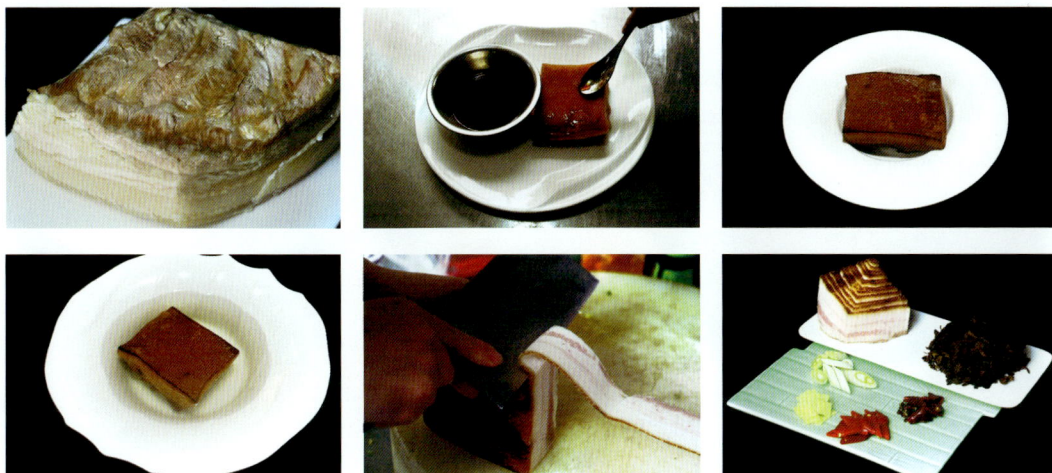

[操作步骤]

①原料初加工：将五花肉洗净后去毛，姜、葱洗净备用。

②熟处理：锅内加水，加入姜、葱、料酒、干花椒等，放入五花肉煮制成熟，趁热涂抹糖色，锅置火上，加入精炼油，烧至六成热时下入经初加工的五花肉，炸至表皮棕红、皱缩时捞出，用热水浸泡回软。

③刀工处理：将五花肉修成长10厘米的正方形，用连刀切的方式不切断，直至切完，姜切菱形片，泡椒、大葱切马耳朵形，梅干菜切成1厘米长的节，干辣椒切节备用。

④炒制：把切好的梅干菜冲水漂去咸味，锅内放油加入干辣椒、花椒炒香，放入梅干菜炒干水分，加入姜片、葱、泡椒等炒香，备用。

⑤成形蒸制：兑汁（加入鲜汤、糖色、酱油、味精、白糖、鸡精、料酒等），将切好的五花肉放入汁水中均匀上色，然后把五花肉一圈一圈地圈成宝塔形，中间填入炒好的梅干菜，把剩余的汁水淋于宝塔肉上，放入盘内上笼蒸制1.5小时即可。

⑥装盘成菜：宝塔肉定于盘内，边上围一圈苦菊和辣椒丝即可。

[技术要领]

①糖色要炒好，不然颜色上不好。

②刀工成形前，经熟处理的五花肉最好冻一下。

③蒸制的时间要够。

成/菜/特/点

色泽红亮，
造型美观，
肥而不腻。

【视觉冲击类菜肴图片】

彩虹塔

黄金玉米球

晾杆白肉

清汤葫芦鱼

[技能考核标准]

序号	考核细分项目	标准分数/分	得分/分
1	成菜效果	60	
2	刀工技术	10	
3	调味技术	10	
4	烹调火候	10	
5	完成时间（60分钟）	10	
6	总分/分		

[任务考核标准]

项目	前置任务	技能	通用能力	小组互评	教师总评
分值/分	10	70	5	5	10
得分/分					
总分/分					

说明

【前置任务】课前布置的任务，根据完成情况打分。

【技　能】学生的操作标准，根据完成情况打分。

【通用能力】包括出勤（按时到岗，学习准备就绪），衣着，行为规范（自觉遵守纪律，有责任心和荣誉感），学习态度（积极主动，不怕困难，勇于探索），团队分工合作（能融入集体，愿意接受任务并积极完成），实行扣分制，根据情况扣1～3分。

【小组互评】值周小组对各小组完成任务的整体情况进行评价，按照优秀5分、良好4分、合格3分、不合格2分的标准进行打分，计入每个组员的成绩中。

【教师总评】教师对各小组完成任务的整体情况进行评价，按照优秀10分、良好8分、合格6分、不合格4分的标准进行打分，计入每个组员的成绩中。

任务4 大刀耳片

[前置任务]

①查阅菜品资料，结合已有的烹饪知识及生活实践，给创新菜品大刀耳片选择合适的餐具并设计装盘。

项目	菜品名称	餐具	装盘
呈现方式1	大刀耳片		
呈现方式2	大刀耳片		
呈现方式3	大刀耳片		

②查阅相关资料，收集大刀耳片装盘装饰图片。

[任务介绍]

大刀耳片是以猪耳为原料，借用五香味型和卤制的烹调方法制作而成的创新菜肴。成品构思新颖，造型美观，口感爽脆，五香味浓。

1）教学目标

①通过本次操作，掌握通过视觉冲击创新菜品的方式。

②掌握大刀耳片的制作方法。

③能够根据大刀耳片的制作方法，结合通过视觉冲击创新菜品的方式，独立制作变化菜品。

2）教学重点

掌握通过视觉冲击创新菜品的方式。

3）教学难点

根据大刀耳片的制作方法，结合通过视觉冲击创新菜品的方式，独立制作变化菜品。

[任务实施]

1）任务实施地点

烹饪实训中心。

2）理实一体化任务实施时间分配

①检查前置任务：10分钟。

②教师讲解理论：20分钟。

③准备原料：10分钟。

④教师操作示范：30分钟。

⑤学生5～6人组合实训：60分钟。

⑥评价：20分钟。

⑦卫生：10分钟。

[任务资料单]

大刀耳片

此菜将蒜泥白肉的制作方法、味型以及调辅料的配制作了较大的调整，在耳片的制作上利用胶原蛋白的黏性，通过挤压的方法让它们紧密地结合在一起，放凉后进行刀工处理。成形后的菜品打破传统，具有较好的视觉冲击力。

[原料]

①主料：猪耳1只，约500克。

②调辅料：精盐3克，味精2克，白糖3克，酱油2克，红油50克，香油10克，白卤水2 000克，大蒜20克，青笋150克，大葱20克，姜20克，清水等适量。

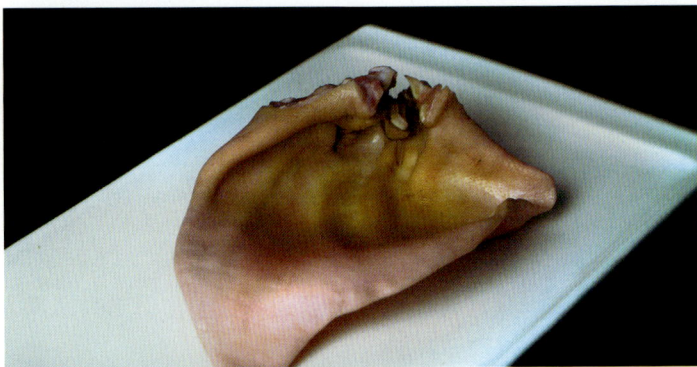

[工艺流程]

原料初加工 → 白卤 → 压制 → 刀工处理 → 调味 → 装盘成菜

[操作步骤]

①原料初加工：将生猪耳洗净去毛（特别是耳根处），青笋去皮，备用。

②白卤：把生猪耳氽水后放入白卤水中，卤至猪耳炽软，备用。

③压制：找两个保鲜盒，把卤好的猪耳趁热放入一个保鲜盒内，平整地铺好，上面再放一个保鲜盒，压紧成形，取出备用。

④刀工处理：压制成形的猪耳片成均匀的片，青笋片切牛舌片（长14厘米、厚0.1厘米的片），大蒜剁成泥，备用。

⑤调味：将精盐、味精、白糖、酱油、辣椒油、香油、大蒜等调制成汁，备用。

⑥装盘成菜：将切好的青笋片放入盘内垫底，把猪耳切成长15厘米、厚0.15厘米的薄片盖在上面，淋上调制好的蒜泥汁即可。

[技术要领]

①猪耳一定要卤至炽软，否则影响黏结性，成形不好。

②压制一定要压紧，否则成品容易脱层。

③耳片切制时，用刨片机效果较好。

菊花豆腐

咖喱鲜鱿

牡丹鱼片

象形枇杷

[技能考核标准]

序号	考核细分项目	标准分数/分	得分/分
1	成菜效果	60	
2	刀工技术	10	
3	调味技术	10	
4	烹调火候	10	
5	完成时间（60分钟）	10	
6	总分/分		

[任务考核标准]

项目	前置任务	技能	通用能力	小组互评	教师总评
分值/分	10	70	5	5	10
得分/分					
总分/分					

说明

【前置任务】课前布置的任务，根据完成情况打分。

【技　能】学生的操作标准，根据完成情况打分。

【通用能力】包括出勤（按时到岗，学习准备就绪），衣着，行为规范（自觉遵守纪律，有责任心和荣誉感），学习态度（积极主动，不怕困难，勇于探索），团队分工合作（能融入集体，愿意接受任务并积极完成），实行扣分制，根据情况扣1～3分。

【小组互评】值周小组对各小组完成任务的整体情况进行评价，按照优秀5分、良好4分、合格3分、不合格2分的标准进行打分，计入每个组员的成绩中。

【教师总评】教师对各小组完成任务的整体情况进行评价，按照优秀10分、良好8分、合格6分、不合格4分的标准进行打分，计入每个组员的成绩中。

任务5 火焰蛏子

[前置任务]

①查阅菜品资料，结合已有的烹饪知识及生活实践，给创新菜品火焰蛏子选择合适的餐具并设计装盘。

项目	菜品名称	餐具	装盘
呈现方式1	火焰蛏子		
呈现方式2	火焰蛏子		
呈现方式3	火焰蛏子		

②查阅相关资料，收集火焰蛏子装盘装饰图片。

[任务介绍]

火焰蛏子是以蛏子为原料，借用香辣味型和爆炒的烹调方法制作而成的创新菜肴。成品构思新颖、造型美观、蛏子鲜嫩、香辣味浓郁。

1）教学目标
①通过本次操作，掌握通过视觉冲击创新菜品的方式。
②掌握火焰蛏子的制作方法。
③能够根据火焰蛏子的制作方法，结合通过视觉冲击创新菜品的方式，独立制作变化菜品。

2）教学重点
掌握通过视觉冲击创新菜品的方式。

3）教学难点
根据火焰蛏子的制作方法，结合通过视觉冲击创新菜品的方式，独立制作变化菜品。

[任务实施]

1）任务实施地点
烹饪实训中心。

2）理实一体化任务实施时间分配
①检查前置任务：10分钟。
②教师讲解理论：20分钟。
③准备原料：10分钟。
④教师操作示范：30分钟。
⑤学生5～6人组合实训：60分钟。
⑥评价：20分钟。
⑦卫生：10分钟。

[任务资料单]

火焰蛏子

该菜品以蛏子为主料，运用川菜的烹调方法加工，装盘时利用铁板的温度，将高度白酒汽化，点燃形成火焰，具有一定的视觉冲击效果。

[原料]

①主料：蛏子250克。

②调辅料：干辣椒15克，花椒5克，大蒜10克，精盐2克，味精2克，白糖5克，鸡精2克，酱油5克，料酒10克，鲜汤30克，豆瓣酱15克，二荆条青辣椒30克，小米辣20克，精炼油1 000克（约耗75克），清水等适量。

[工艺流程]

原料初加工 → 刀工处理 → 熟处理 → 炒制 → 烧铁盘点火

[操作步骤]

①原料初加工：将蛏子放入水中，加入盐、少量食用油使其将沙子吐干净，然后去除内脏、洗净备用，把二荆条青辣椒、小米辣等洗净备用。

②刀工处理：将洗好的二荆条青辣椒切成6厘米长的段后对剖成两半，小米辣切成马耳朵状，干辣椒切成1厘米长的节，大蒜剁成末。

③熟处理：炒锅置火上，水烧沸，加入料酒，下入蛏子，焯水后捞出备用。

④炒制：锅内放入豆瓣酱，炒香出色，干辣椒、花椒、蒜末等炒香，下二荆条青辣椒、小米辣等略炒，加入蛏子，烹料酒，调味翻炒均匀。

⑤烧铁盘点火：铁板包锡箔纸，放在火上烧热，放在垫盘上，把炒好的菜品放在铁板上，加入高度白酒，打火点燃，成菜。

[技术要领]

①蛏子要吐净沙后再烹制。

②焯水的时间不宜过长，断生即可。

③白酒要用52度以上的，铁板要烧到180～200 ℃。

成/菜/特/点

观赏性强，
辣而不燥，
味觉层次感多。

【 视觉冲击类菜肴展示图片 】

杧果虾球

上上签

松鼠鱼

玉米鱼

[技能考核标准]

序号	考核细分项目	标准分数/分	得分/分
1	成菜效果	60	
2	刀工技术	10	
3	调味技术	10	
4	烹调火候	10	
5	完成时间（60分钟）	10	
6	总分/分		

[任务考核标准]

项目	前置任务	技能	通用能力	小组互评	教师总评
分值/分	10	70	5	5	10
得分/分					
总分/分					

说明

【前置任务】课前布置的任务，根据完成情况打分。

【技　能】学生的操作标准，根据完成情况打分。

【通用能力】包括出勤（按时到岗，学习准备就绪），衣着，行为规范（自觉遵守纪律，有责任心和荣誉感），学习态度（积极主动，不怕困难，勇于探索），团队分工合作（能融入集体，愿意接受任务并积极完成），实行扣分制，根据情况扣1~3分。

【小组互评】值周小组对各小组完成任务的整体情况进行评价，按照优秀5分、良好4分、合格3分、不合格2分的标准进行打分，计入每个组员的成绩中。

【教师总评】教师对各小组完成任务的整体情况进行评价，按照优秀10分、良好8分、合格6分、不合格4分的标准进行打分，计入每个组员的成绩中。

任务6　分子料理——杞果胶囊

[前置任务]

①查阅菜品资料，结合已有的烹饪知识及生活实践，给创新菜品杞果胶囊选择合适的餐具并设计装盘。

项目	菜品名称	餐具	装盘
呈现方式1	杞果胶囊		
呈现方式2	杞果胶囊		
呈现方式3	杞果胶囊		

②查阅相关资料，收集杞果胶囊装盘装饰图片。

[任务介绍]

杞果胶囊是以杞果为原料，运用分子料理技术制作而成的创新菜肴。成品构思新颖，造型美观，色泽黄亮，入口即化。

1）教学目标

①通过本次操作，掌握通过视觉冲击创新菜品的方式。

②掌握杞果胶囊的制作方法。

③能够根据杞果胶囊的制作方法，结合通过视觉冲击创新菜品的方式，独立制作变化菜品。

2）教学重点

掌握通过视觉冲击创新菜品的方式。

3）教学难点

根据杞果胶囊的制作方法，结合通过视觉冲击创新菜品的方式，独立制作变化菜品。

[任务实施]

1）任务实施地点

烹饪实训中心。

2）理实一体化任务实施时间分配

①检查前置任务：10分钟。

②教师讲解理论：20分钟。

③准备原料：10分钟。

④教师操作示范：30分钟。

⑤学生5～6人组合实训：60分钟。

⑥评价：20分钟。

⑦卫生：10分钟。

[任务资料单]

杌果胶囊

杌果胶囊是一道利用现代分子料理技术制作的、给人以强烈视觉冲击力的创新菜品。

[原料]

①主料：杌果1个。
②调辅料：钙粉、海藻胶、白糖、清水等。

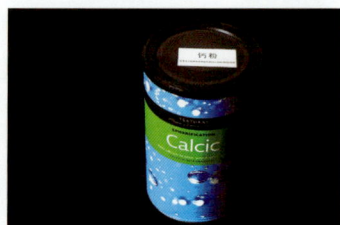
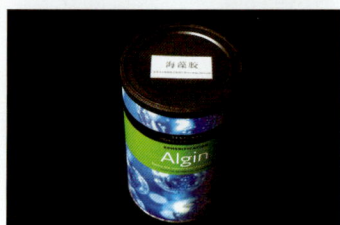

[工艺流程]

制作杌果蓉 → 制作胶体 → 制作钙水 → 成形 → 漂水 → 装盘成菜

[操作步骤]

①制作杧果蓉：将杧果去皮后取下果肉，放入料理机，加入适量的白糖打成蓉，倒出备用。

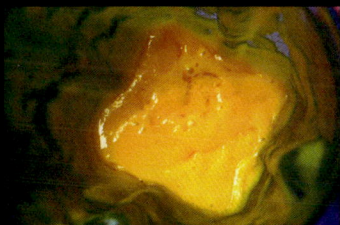

②制作胶体：取500克杧果蓉，将5克海藻胶放入其中，用料理机搅拌均匀，放置4小时，备用。

③制作钙水：在500克水中加入7.5克钙粉搅匀，备用。

④成形：将球形不锈钢勺在钙水中过一下，再把杧果蓉放入勺中，放入钙水中成形（脱落即可），时间30秒。

⑤漂水：把已经定形的杧果蓉放入清水中漂去表面的钙即可。

⑥装盘成菜。

成/菜/特/点

色泽黄亮，
形如蛋黄。

[技术要领]

①一定要注意比例，不然容易失败且口感不好。

②制作胶体时最好用真空机把空气抽掉，不然有气泡出来，表面不光滑。

【视觉冲击类菜肴展示图片】

黑珍珠

牦牛刺身

南美煮虾

掌上明珠

[技能考核标准]

序号	考核细分项目	标准分数/分	得分/分
1	成菜效果	60	
2	装盘	15	
3	装饰	15	
4	完成时间（60分钟）	10	
5	总分/分		

[任务考核标准]

项目	前置任务	技能	通用能力	小组互评	教师总评
分值/分	10	70	5	5	10
得分/分					
总分/分					

说明

【前置任务】课前布置的任务，根据完成情况打分。

【技　能】学生的操作标准，根据完成情况打分。

【通用能力】包括出勤（按时到岗，学习准备就绪），衣着，行为规范（自觉遵守纪律，有责任心和荣誉感），学习态度（积极主动，不怕困难，勇于探索），团队分工合作（能融入集体，愿意接受任务并积极完成），实行扣分制，根据情况扣1～3分。

【小组互评】值周小组对各小组完成任务的整体情况进行评价，按照优秀5分、良好4分、合格3分、不合格2分的标准进行打分，计入每个组员的成绩中。

【教师总评】教师对各小组完成任务的整体情况进行评价，按照优秀10分、良好8分、合格6分、不合格4分的标准进行打分，计入每个组员的成绩中。

References 参考文献

[1] 韦昔奇，武小军，张贵.冷拼艺书[M].成都：四川科技出版社，2015.

[2] 陈君，梁雪梅，戴青容.中餐面点制作[M].成都：四川科技出版社，2015.

[3] 陈坤浩，武小军，雷锡林.烹饪实训项目指导书[M].成都：四川科技出版社，2015.

[4] 黄涌.浅谈中国菜的创新与改进[J].中国食品，2018（24）：129.

[5] 陶寿山.探索中式餐饮的创新之路[J].食品安全导刊，2016（9）：64.

[6] 闵二虎，穆波.中国名菜[M].重庆：重庆大学出版社，2019.